农药与病虫草鼠害
——综合防控——

◎ 史致国　金红云　主编

中国农业科学技术出版社

图书在版编目（CIP）数据

农药与病虫草鼠害综合防控 / 史致国，金红云主编 .—北京：中国农业科学技术出版社，2015.10

ISBN 978-7-5116-2321-8

Ⅰ.①农… Ⅱ.①史…②金… Ⅲ.①作物—病虫害防治②作物—除草③作物—鼠害—防治 Ⅳ.①S4

中国版本图书馆 CIP 数据核字（2015）第 247155 号

责任编辑　史咏竹
责任校对　马广洋

出　　版　中国农业科学技术出版社
　　　　　北京市中关村南大街 12 号　　邮编：100081
电　　话　（010）82105169（编辑室）
　　　　　（010）82109702（发行部）　（010）82109709（读者服务部）
传　　真　（010）82106626
网　　址　http：//www.castp.cn
经　　销　各地新华书店
印　　刷　北京富泰印刷有限责任公司
开　　本　710 mm×1 000 mm　1/16
印　　张　19
字　　数　297 千字
版　　次　2015 年 10 月第 1 版　2016 年 11 月第 2 次印刷
定　　价　45.00 元

《农药与病虫草鼠害综合防控》
编 委 会

主　编　史致国　北京市通州区农药管理站
　　　　　金红云　北京市通州区植物保护站

副主编　曹新明　北京市通州区农药管理站
　　　　　李常平　北京市植物保护站
　　　　　赵海燕　北京市通州区园林绿化局
　　　　　赵世恒　北京市通州区农药管理站
　　　　　崔艮中　北京中捷四方生物科技股份有限公司
　　　　　牛木森　北京市通州区农产品质量检验检测站

参编人员（以姓氏拼音为序）

　　　　　曹晓明　陈　健　陈　虹　陈　浩　崔国卿
　　　　　丁彩霞　高　阳　寇　爽　刘　畅　李雪娇
　　　　　潘　姣　乔建兵　孙国强　申冬霞　孙艳艳
　　　　　史艳蕊　田兆迎　汤　森　王连春　王泽荟
　　　　　吴昊轩　解晓军　张　楠　张　宁　张雅杰
　　　　　赵　磊

前　言

随着人民生活水平的逐步提高，农产品质量安全与生态环境安全受到了社会各界广泛关注。为确保农产品质量安全与生态环境安全，近年来农业工作者在工作方式、方法上做了大量创新工作并取得了一定成效，有效宣传和贯彻了"预防为主，综合防治"的植保方针与"公共植保""绿色植保"的植保理念，为保障农业生产和农产品质量安全，推动农业、农村经济发展，促进保护公共健康和生态环境发挥了重要作用。

农药与病虫草鼠害综合防控是影响农产品质量安全与生态环境安全的重要因素。一方面，防控病虫草鼠害所使用的农药质量优劣不仅影响到农作物有害生物的防治效果，也影响着农业生态环境安全；另一方面，是否掌握病虫草鼠害综合防控技术也会影响到农药使用量、防治效果、农产品质量安全、农业生态环境安全。

本书编写人员根据多年实际工作经验，分基础知识问答、相关法律法规、农作物主要病虫草害识别与防治3部分，就农药与病虫草鼠综合防控知识进行了讲解。本书针对性强、通俗易懂、系统全面、涵盖范围较广，旨在帮助生产者、经营者与使用者提高专业素质、知识水平，增强法律法规意识，从而确保农产品质量安全与生态环境安全。

本书在编写过程中参考了部分文献，并得到了中国农业大学、北京市植物保护站多位专家的热情指导，在此特别致谢。

作者专业水平有限，书中难免存在错误与不足，敬请读者批评指正。

作　者
2015 年 8 月

目　录

上　篇　基础知识问答

一、基础知识

二、农药标签解读

三、农药生产须知

四、农药经营须知

五、农药科学安全使用

六、有害生物综合防控

七、绿色防控技术

八、农产品质量安全

中　篇　法律法规

一、生产、经营农药应注意避免的相关违法违规行为

下　篇　农作物主要病虫草害识别与防治

一、小麦病虫草害

二、玉米病虫草害

三、茄科蔬菜病虫害

四、葫芦科蔬菜病虫害

五、菊科蔬菜病虫害

六、葱蒜类病虫害

七、十字花科蔬菜病虫害

八、豆类蔬菜病虫害

九、草莓病虫害

十、食用菌病虫害

十一、桃树病虫害

十二、樱桃病虫害

十三、梨树病虫害

十四、苹果树病虫害

十五、葡萄病虫害

上 篇

基础知识问答

一、基础知识

1. 农药的法律定义是什么?

依据《农药管理条例》第二条的规定，农药是指用于预防、消灭或者控制为害农业、林业的病、虫、草和其他有害生物以及有目的地调节植物、昆虫生长的化学合成或者来源于生物、其他天然物质的一种物质或者几种物质的混合物及其制剂。

2. 按照不同目的、场所农药可以分为哪几类?

按照不同目的、场所农药可以分为下列各类:

（1）预防、消灭或者控制为害农业、林业的病、虫（包括昆虫、蜱、螨）、草、鼠和软体动物等有害生物的;

（2）预防、消灭或者控制仓储病、虫、鼠和其他有害生物的;

（3）调节植物、昆虫生长的;

（4）用于农业、林业产品防腐或者保鲜的;

（5）预防、消灭或者控制蚊、蝇、蜚蠊、鼠和其他有害生物的;

（6）预防、消灭或者控制为害河流堤坝、铁路、机场、建筑物和其他场所的有害生物的。

3. 按照原料来源农药可分为哪几类?

农药按照原料来源可分为化学农药、微生物源农药和植物源农药。

（1）化学农药:又可分为有机农药和无机农药两大类，有机农药是一类通过人工合成的对有害生物具有杀伤能力或调节其生长发育的有机化合物，如敌敌畏、三唑酮和2,4-D丁酯等。无机农药包括天然矿物，可直接用来杀伤有害生物，如硫黄和硫酸铜等。

（2）微生物源农药:这类农药是利用一些对病虫有毒、有杀伤作用的有益微生物，包括细菌、真菌和病毒等，通过一定的方法培养、加工而成的一类药剂，如苏云金杆菌和白僵菌等。

（3）植物源农药：这是一类以植物为原料加工制成的药剂，如小檗碱和除虫菊素等。

4. 按照防治对象农药可分为哪几类?

按照防治对象农药可分为杀虫剂、杀螨剂、杀菌剂、杀鼠剂、杀软体动物剂、杀线虫剂、除草剂、植物生长调节剂等。

5. 什么是杀虫剂?

对昆虫机体有直接毒杀作用，以及通过其他途径可控制其种群形成或可减轻害虫为害程度的药剂称之为杀虫剂。杀虫剂主要通过胃毒、触杀、熏蒸和内吸4种方式起到杀死害虫作用。

6. 什么是杀菌剂?

对病原菌能起到杀死、抑制或中和其有毒代谢物，因而可使植物及其产品免受病菌为害或可消除症状的药剂称之为杀菌剂。使用杀菌剂后，对作物的效果表现为保护作用、治疗作用和铲除作用。具有保护作用的杀菌剂，要求能在作物表面上形成有效的覆盖度，并有较强的黏着力和较强的持效期。具有治疗作用和铲除作用的杀菌剂，要求使用后能较快的发挥作用，控制病害的发展，但不要求有较长的持效期。

7. 什么是除草剂?

除草剂是指可使杂草彻底地或选择地发生枯死的药剂。除草剂按作用性质可分为灭生性除草剂与选择性除草剂两类。灭生性除草剂在常用剂量下可以杀死所有接触到药剂的绿色植物，如草甘膦、百草枯等；选择性除草剂是在一定的浓度和剂量范围内杀死或抑制部分植物，而对另外一些植物安全。选择性除草剂可在作物与杂草共存时使用，目前使用的除草剂大多数属于此类，如乙草胺、烟嘧磺隆等。

8. 什么是植物生长调节剂?

人工合成的对植物的生长发育有调节作用的化学物质和从生物中提取的天然植物激素称为植物生长调节剂。常见的如赤霉素、多效唑、乙烯利等。

9. 植物生长调节剂与杀虫剂、杀菌剂、除草剂等农药有何区别?

虽然植物生长调节剂与杀虫剂、杀菌剂、除草剂等都属于农药范畴,但在功能、使用量与安全性等方面又有所不同。

(1)功能不同。喷施植物生长调节剂是为了调控作物或植物的生长发育,使之朝着人们希望的方向发展,其使用对象一般是作物;而喷施杀虫剂、杀菌剂、除草剂则是用于预防、消灭或控制植物生长过程中发生的病原菌、害虫、杂草或其他有害生物,以消除其为害,其作用对象是病原菌、害虫、杂草等有害生物。

(2)使用量不同。植物生长调节剂的使用浓度往往较低,如常用的氯吡脲使用浓度仅为 10 ~ 50 毫克 / 千克,而杀虫剂、杀菌剂、除草剂的使用浓度通常较高,如常用的杀虫剂毒死蜱的使用浓度在 500 ~ 1 000 毫克 / 千克。

(3)安全性不同。植物生长调节剂对高等动物毒性较低,且施药量又很低,因此对农产品和环境相对比较安全。杀虫剂和杀菌剂等农药对高等动物毒性相对较高,施药剂量也较大,特别是杀虫剂,其对农产品和环境污染的风险通常高于植物生长调节剂。

10. 哪些农药是假农药?

依据《农药管理条例》第三十一条第二款的规定,下列农药为假农药:
(1)以非农药冒充农药或者以此种农药冒充他种农药的;
(2)所含有效成分的种类、名称与产品标签或者说明书上注明的农药有效成分的种类、名称不符的。

11. 哪些农药是劣质农药?

依据《农药管理条例》第三十二条第二款的规定,下列农药为劣质农药:

（1）不符合农药产品质量标准的；

（2）失去使用效能的；

（3）混有导致药害等有害成分的。

12. 常见农药剂型与英文缩写有哪些？

常见的农药剂型与英文缩写见下表：

农药剂型与英文缩写

农药剂型	英文缩写	农药剂型	英文缩写	农药剂型	英文缩写
气雾剂	AE	诱芯	GD	悬浮剂	SC
水溶粉剂	AF	大粒剂	GG	种衣剂	SD
水剂	AS	颗粒剂	GR	悬乳剂	SE
缓释剂	BR	干粉种衣剂	GZ	可溶粒剂	SG
微囊粒剂	CG	泡腾颗粒剂	KPP	可溶液剂	SL
微囊悬浮剂	CS	电热蚊香液	LV	可溶性液剂	SLX
可分散液剂	DC	蚊香	MC	展膜油剂	SO
干悬浮剂	DF	微乳剂	ME	可溶粉剂	SP
粉剂	DP	微粒剂	MG	可溶性粉剂	SPX
粉尘剂	DPC	电热蚊香片	MV	可湿粉种衣剂	SZ
干拌种剂	DS	油悬浮剂	OF	原药	TC
泡腾粒剂	EA	油剂	OL	原粉	TF
乳油	EC	油分散粉剂	OP	母药	TK
油乳剂	EO	饵片	PB	超低容量液剂	UL
水乳剂	EW	涂抹剂	PF	熏蒸剂	VP
细粒剂	FG	泡腾片剂	PP	水分散粒剂	WG
烟雾剂	FK	毒饵	RB	可湿性粉剂	WP
悬浮种衣剂	FS	饵剂	RG	湿拌种剂	WS
悬浮拌种剂	FSB	热雾剂	RR		
烟剂	FU	水乳种衣剂	RSC		

13. 什么是农药毒性?

农药对人、畜及其他有益生物产生直接或间接的毒害作用，或使其生理机能受到严重破坏的性能称为农药毒性。农药毒性大小用致死中量（LD_{50}）、致死中浓度（LC_{50}）方式表示。

14. 什么是致死中量（LD_{50}）和致死中浓度（LC_{50}）?

致死中量（LD_{50}）也称半数死亡量，即在规定的时间内，使一组实验动物的50%个体发生死亡的毒性剂量。致死中量（LD_{50}）剂量数值越大，农药的毒性就越小。致死中量（LD_{50}）剂量数值越小，农药毒性就越大。

致死中浓度（LC_{50}）也称半数致死浓度，即在规定的时间内，使一组实验动物的50%个体发生死亡的毒性浓度。致死中浓度（LC_{50}）浓度越高，农药毒性越小。致死中浓度（LC_{50}）浓度越低，农药毒性越大。

15. 农药毒力和药效在指导防治上有哪些区别?

农药的毒性程度以毒力或药效作为评价的指标。农药的毒力指药剂本身对不同生物发生直接作用的性质和程度。毒力测定一般多在室内进行，所测定结果一般不能直接应用于田间，只能提供防治上的参考。药效是药剂本身和多种因素综合作用的结果，药效多是在田间条件下或接近田间的条件下紧密结合生产实际进行测试的，因此，对防治工作具有实用价值。

16. 我国的植保方针是什么?

我国的植保方针是"预防为主，综合防治"。其含义是从农业生态系统的整体出发，本着预防为主的指导思想和安全、经济、有效、简便的原则，因时因地制宜，合理运用农业防治、物理防治、生物防治、化学防治

植保职能

等有效的方式，把病虫草鼠害控制在不足防治的水平，以达到不为害人畜健康和增产的目的。

17. 都市型农业具有哪些功能?

都市型农业的功能主要体现在防治城市环境污染，营造绿色景观，保持清新、宁静的生活环境；为城市提供新鲜、卫生、无污染的农产品，为市民提供与农村交流、接触农业提供场所与机会；保持与继承农业与农村的文化与传统。

随着全国都市型农业的快速发展，对生态效益重视程度的提升，植保理念也作出不断的调整，"公共植保"与"绿色植保"的理念也随之被提出。

18. 什么是公共植保?

公共植保就是把植保工作作为农业和农村公共事业的重要组成部分，突出其社会管理和公共服务职能。植物检疫和农药管理等植保工作本身就是执法工作，属于公共管理；许多农作物病虫具有迁飞性、流行性和暴发性，其监测和防控需要政府组织跨区域的统一监测和防治；如果病虫害和检疫性有害生物监测防控不到位，将危及国家粮食安全；农作物病虫害防治应纳入公共卫生的范围，作为农业和农村公共服务事业来支持和发展。

绿色植保技术

19. 什么是绿色植保?

绿色植保就是把植保工作作为人与自然和谐系统的重要组成部分，突出其对高产、优质、高效、生态、安全农业的保障和支撑作用。植保工作就是植物卫生事业，要采取生态治理、农业防治、生物控制、物理诱杀等综合防治措施，要确保农业可持续发展；选用低毒高效农药，应用先进施药机械和科学施药技术，减轻残留、污染，避免人畜中毒和作物药害，要生产"绿色产品"，植保还应防范外来有害生物入侵和传播，要确保环境安全和生态安全。

20. 农作物病害症状有哪些？

农作物受病原物侵染或不良环境因素影响后，在组织内部或外表显露出来的异常状态，称为症状。症状通常可用病状和病症来描述。病状类型包括变色、坏死、腐烂、萎蔫、畸形；病征类型包括霉状物、粉状物、锈状物、粒状物、索状物、胶状物。

21. 侵染性病害和生理性病害有什么区别？

生理性病害也称非侵染性病害，是由非生物因素，即由于不适宜的环境条件而引起的农作物病害。由生物因素引起的农作物病害，称为侵染性病害。生理性病害没有病原物的侵染，不能在农作物个体间互相传染。侵染性病害可以在农作物个体间互相传染。

22. 如何诊断非侵染性病害？

引起非侵染性病害的因素很多，但从病害特点、发病范围、周围环境和病史等方面进行分析，可帮助诊断其病因。

（1）病害突然大面积同时发生，发病时间短，只有几天。这类病害往往是由大气污染或气候因素（冻害、干热风、日灼等）所致。

（2）农作物根系发育差，根部发黑，大多与土壤水分多、板结而缺氧，有机质不腐熟而产生硫化氢或废水中毒等有关。

（3）有明显的灼伤、枯斑，而且多集中在作物某一部位（叶或芽上），也没有发病史，大多是使用农药或化肥不当所引起。

（4）出现黄化或特殊缺素症，多见于老叶或顶部新叶。

（5）病害只限于某一品种发生，表现为生长不良或与系统性症状相似，多为遗传性障碍。

23. 侵染性病害病原物有哪些?

引起农作物病害的生物因素称为病原物,主要有真菌、细菌、病毒、线虫和寄生性种子植物等。

24. 病原物越冬或越夏场所有哪些?

病原物越冬或越夏场所有以下几种:

(1)田间病株:在寄主内越冬或越夏是病原物一种休闲方式。对于多年生植物,病原物可以在病株体内越冬。其中病毒以粒体,细菌以细胞,真菌以孢子、休眠菌丝或休眠组织(如菌核或菌索)等在病株的内部或表面度过夏季或冬季,成为下一个生长季节的初侵染来源。

(2)种子、苗木和其他繁殖材料:种子携带病原物可分为种间、种表和种内3种。使用带病的繁殖材料不但会使植株本身发病,而且可能成为田间的发病中心并传染给邻近的健株,造成病害的蔓延。此外带病的种子、苗木和其他繁殖材料还可以通过繁殖材料的调运,将病害传播到新的地区。

(3)病株残体:绝大部分非专性寄生的真菌、细菌都能在病株残体中存活一定的时间。因此加强田间卫生,彻底清除病株残体,集中销毁或采取病株残体分解的措施,都有利于消灭或减少初侵染来源。

(4)土壤:土壤也是多种病原物越冬或越夏的主要场所。土壤温度比较低而且土壤比较干燥时,病原物容易保持它的休眠状态,存活时间就较长;反之存活时间则短。

(5)肥料:病原物可以随着病株残体进入肥料或以休眠组织直接进入肥料,肥料如未充分腐熟,其中的病原体就可以存活下来。

25. 线虫为害植物为什么叫线虫病?

线虫是一类很小很像蛔虫一样的线形动物。线虫种类有数十万种,常见为害蔬菜的有根结线虫、根腐线虫、肾形线虫等,其中根结线虫是目前为害最严重的种类。由于线虫个体微小,肉眼看不见,为害作物后形成的症状与其他病害很难区别,所以人们把线虫对作物的为害习惯称为线虫病害。

26. 根据口器的不同害虫可分为哪几类?

根据口器的不同,害虫可以分为以下几类:

（1）咀嚼式害虫,如蝗虫、黏虫、叶甲、卷叶蛾、螟蛾、天牛等。

（2）刺吸式害虫,如螨、蚜虫、叶蝉和飞虱等。

（3）虹吸式害虫,如蛾类和蝶类。

（4）舔吸式害虫,如家蝇。

（5）锉吸式害虫,如蓟马。

27. 咀嚼式害虫和刺吸式害虫可分为哪几类?

根据害虫在植物上的取食部位和为害特点,咀嚼式害虫可分为食根类害虫、食叶类害虫、蛀茎类害虫、蛀果类害虫、贮粮害虫五大类。

刺吸式害虫按其分类地位和为害方式可分为螨类、叶蝉类、飞虱类、蚜虫类、蚧类、粉虱类。

28. 保护地蔬菜哪几类害虫发生最为严重?

在温室大棚这种环境封闭、空气湿度大、昼夜温度相差悬殊的特定条件下,潜叶蝇类、蚜虫、害螨类和粉虱类害虫发生最为严重。这主要是因为棚室中环境稳定,个体较小的害虫不会受大风、暴雨的影响,从而导致害虫种群稳定,为害严重。

29. 保护地蔬菜害虫通过哪些方式进入棚室?

保护地蔬菜害虫主要通过以下方式进入棚室:一是在扣棚前,一些害虫已经生活在棚室内的杂草上,如温室白粉虱、茶黄螨等;二是随菜苗迁入,如部分白粉虱便是以产在叶片上的卵被带入棚室的;三是暂时潜藏在棚室内的土壤中,待扣棚后温度升高到一定范围内时,再出土为害,如螨类等。

30. 杂草主要分类方式有哪些?

依据不同学科的需要,杂草可以按其形态、生物学特性、生境等进行分类。

（1）形态学分类：禾草类、莎草类、阔叶草类；

（2）生物学特性分类：一年生杂草、二年生杂草、多年生杂草；

（3）生境生态学分类：耕地杂草、杂类草、水生杂草、草地杂草、森林杂草、环境杂草。

31. 什么是农作物有害生物综合防治?

农作物有害生物综合防治是指根据生态学的原理和经济学的原则，选取最优化的技术组配方案，把有害生物种群数量较长期地稳定在经济损害水平以下，以获得最佳的经济效益、生态效益和社会效益。综合防治措施包括植物检疫、农业防治、抗害性植物品种的利用、生物防治、物理防治以及化学防治等。

农作物有害生物综合防治措施

32. 什么是作物抗害品种?

作物抗害品种是指具有抗害特性的作物品种。它们在同样的灾害条件下，能通过抵抗灾害、耐受灾害以及灾后补偿作用，减少灾害损失，取得较好的收获。作物品种的抗害性是一种遗传特性，包括抗干旱、抗涝、抗盐碱、抗倒伏、抗虫、抗病、抗草害等。

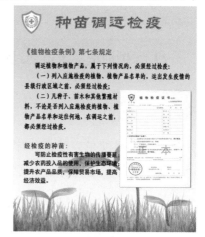

种苗检疫

33. 什么是植物检疫?

植物检疫是指国家或地区政府，为防止危险性有害生物随植物及其产品的人为引入和传播，以法律手段和行政措施强制实施的保护性植物保护措施。它通过阻止危险性有害生物的传入和扩散，达到避免植物遭受生物灾害为害的目的。

34. 地（市）、县级植物检疫机构的主要职责有哪些？

依据《植物检疫条例实施细则（农业部分）》第四条第（三）项的规定，地（市）、县级植物检疫机构的主要职责是：

（1）贯彻《植物检疫条例》及国家、地方各级政府发布的植物检疫法令和规章制度，向基层干部和农民宣传普及检疫知识；

（2）拟订和实施当地的植物检疫工作计划；

（3）开展检疫对象调查，编制当地的检疫对象分布资料，负责检疫对象的封锁、控制和消灭工作；

（4）在种子、苗木和其他繁殖材料的繁育基地执行产地检疫。按照规定承办应施检疫的植物、植物产品的调运检疫手续。对调入的应施检疫的植物、植物产品，必要时进行复检。监督和指导引种单位进行消毒处理和隔离试种；

（5）监督指导有关部门建立无检疫对象的种子、苗木繁育、生产基地；

（6）在当地车站、机场、港口、仓库及其他有关场所执行植物检疫任务。

35. 什么是农业防治？

农业防治是指通过培育健壮植物，增强植物抗性、耐害和自身补偿能力等适宜的栽培措施，降低有害生物种群数量、减少其侵染可能性或避免有害生物为害的一种植物保护措施。农业防治最大优点是不需要过多的额外投入，且易与其他措施相配套。主要做法有改进耕作制度、使用无害种苗、选用抗性良种、加强田间管理和安全收获等。

36. 什么是物理防治？

物理防治是指利用各种物理因子、人工和器械防治有害生物的植物保护措施。常用的方法有人工和简单机械捕杀、温度控制、灯光诱杀、阻隔分离、微波辐射等。

灯光诱杀

37. 什么是生物防治?

生物防治是指利用有益生物及其产物控制有害生物种群数量的一种防治技术。根据生物之间的相互关系,有针对性地增加有益生物种群数量,从而取得控制有害生物的效果。生物防治的途径有保护有益生物、引进有益生物、有益生物的人工繁殖与释放、生物产物的开发利用等。松毛虫赤眼蜂防治玉米螟就是生物防治中的一项措施。

38. 什么是昆虫信息素?

昆虫信息素又称外激素,是由昆虫特殊腺体分泌到体外并引起同种其他个体产生特定行为或生理反应的信息化学物质。昆虫利用它相互交流,我们常称其为"昆虫的语言"。

39. 昆虫性信息素产品的优点有哪些?

昆虫性信息素产品具有如下优点:

(1)灵敏度高。昆虫对于信息素具有高度的敏感性,0.1毫克的性信息素即可对雄性昆虫起到引诱作用。

(2)选择性强。昆虫信息素只对同种间个体的昆虫起作用,高度专一。

(3)无毒、无残留、不污染环境。昆虫信息素为自然界中昆虫自身产生的物质,含量极少,不接触植物和农产品,没有农药残留之忧,不会对人畜产生毒性，不杀伤天敌；昆虫信息素的用量极少，且非常容易分解，因此不会污染环境。

（4）不易产生抗药性。昆虫性信息素作为同种异性昆虫之间生殖阶段的化学通讯工具，其化学结构的高度复杂性和特殊性是昆虫种间生殖隔离的重要保证，为世代自然选择的结果，不易产生抗药性。

（5）操作方便、经济实用。

40. 什么是昆虫性信息素诱芯？

将人工合成的某种昆虫性信息素加入缓释装置制成的昆虫引诱产品，性信息素的量约为一只雌虫释放量的 1 000 ～ 100 000 倍，通过缓释装置慢慢释放，模拟雌虫释放性信息素的行为，能够引诱前来赴会的雄虫，再结合相应的诱捕装置可将诱来的雄虫捕获。

41. 使用农药和昆虫信息素产品有无矛盾？

信息素产品与各种农药是互补关系。一般情况下农药防治对象为害虫的幼虫，诱芯诱捕的是害虫的成虫，一杀一诱，效果更加显著；害虫数量降下来后，可以逐步降低农药使用次数。

42. 昆虫信息素产品和其他防治措施之间是什么关系？

昆虫信息素产品同物理防治、化学防治及天敌应用技术等防治措施之间是互补的关系。在防治过程中不会与其他防治措施冲突，属于综合防治体系的一部分。另外，昆虫信息素产品防治的对象是成虫，对害虫有监测和防治的作用，同其他防治措施结合使用，能够逐步降低农药使用次数，对害虫起到综合防治的效果。

43. 什么是化学防治？

化学防治是指利用化学药剂防治有害生物的一种技术。主要是通过开发适宜的农药品种，并加工成适当的剂型，利用适当的机械和方法处理作物植株、种子、土壤等，来杀死有害生物或阻止其侵染为害。

44. 什么是防治适期?

防治适期是指防治病虫草等有害生物为害的最佳时期。任何一种病虫草害都有它的防治适期。使用农药防治农作物有害生物要根据具体情况而定,用药过早或过晚都不能达到理想的防治效果。只有正确选择防治适期才能达到最理想的防治效果。不同的病虫草害有不同的防治适期,一般情况可根据当地农业部门的预测预报来确定。

45. 哪些原因会导致农药防治效果不理想?

农药防治效果不理想可能由于以下原因:

(1)农药产品质量不合格。农药质量的优劣直接影响到农作物的防治效果。如果使用假劣农药防治农作物有害生物,必然导致对有害生物防治效果差。

(2)未按标签规定使用。没有严格按照农药标签上规定的防治作物、防治对象、防治方法及用药量施用农药。

(3)农药标签不合格。有的农药生产企业在未经试验、示范的情况下,擅自修改标签,扩大已登记农药的适用范围,从而导致农药使用效果可能不理想。

(4)环境气候影响。施药方法与气候等环境条件,也会影响施药效果。如使用除草剂进行土壤封闭时,水量不足就会影响防治效果。

(5)农作物有害生物对个别农药产生抗药性。

46. 影响农药产品质量的因素有哪些?

除农药有效成分含量外,还有以下因素影响农药质量:

(1)产品配方。产品中有效成分以外的组成部分及其含量,不仅影响产品的技术指标,还影响产品的稳定性和使用效果。

(2)产品加工工艺。加工工艺对产品的性能、稳定性有直接关系。

(3)产品贮存环境。在高温、潮湿和光照的条件下,易引起农药有效成分分解。在低湿的条件下,易引起有效成分析出。

（4）产品贮存时间。一般农药的产品质量保质期为两年，在保质期后，产品可能难以达到相应的质量标准。

47. 使用假、劣农药容易造成哪些后果？

使用假、劣农药容易造成以下不良后果：

（1）导致减产或绝收。使用假劣农药防治效果差，易造成农作物药害，导致农作物减产或绝收，影响下茬作物生长。

（2）农产品质量不合格。因使用假劣农药造成的农作物农药残留超标，导致采收后的农产品品质下降，甚至造成农产品质量不安全，影响农民收入。

（3）人畜中毒。使用假劣农药易引起使用人员中毒或食用农药残留超标农产品的人畜中毒。

（4）使用假劣农药会影响环境安全，容易造成水、土壤等环境污染。

48. 什么是农民田间学校？

农民田间学校是以"农民"为中心，以"田间"为课堂，参加学习的学员均为农民，由经过专业培训的农业技术员担任辅导员，在作物全生育期的田间地头开展培训。

农民田间学校与其他学校的不同之处在于，辅导员不是通过讲课方式向农民传授技术，而是围绕农民学员设计问题、组织活动，鼓励和激发农民在生产中发现问题、分析原因、制订解决方案完成实施，使其最终成为现代新型农民或农民专家。

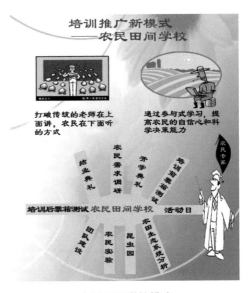

农民田间学校模式

49. 什么是工厂化育苗？

工厂化育苗是指在人工创造的最佳环境条件下，采用科学化、机械化、自动化等技术措施与手段，进行批量生产种苗的一种先进生产方式。与传统的育苗方式相比，具有用种量少、占地面积小，能够缩短苗龄、节省育苗时间，能够尽可能减少病虫害发生，提高育苗生产效率，降低成本，有利于统一管理，推广新技术等优点，可以做到周年连续生产。

50. 什么是农作物病虫害专业化统防统治?

农作物病虫害专业化统防统治是指具备一定植保技术条件的服务组织，采用先进、实用的设备与技术，为农民提供契约性的防治服务，开展社会化、规模化的农作物病虫害防治工作。

51. 什么是抗药性?

抗药性是指被防治对象病虫草害对农药的抵抗能力。抗药性可分自然抗药性和获得抗药性两种。自然抗药性又称耐药性，是由于生物种的不同，或同一种的不同生育阶段、不同生理状态对药剂产生不同耐力。获得抗药性是由于在同一地区长期、连续使用一种农药，或使用作用机理相同的农药，使害虫、病菌或杂草对农药抵抗力提高。

52. 什么是农药药害?

若使用农药方法不当，技术要求控制不严，不但不能达到防治病虫草害、调节作物生长的效果，还能引起被保护的农作物或种子不正常生长发育、产生生理症状或生产质量下降等，发生这样的现象便称为药害。

53. 什么是农药中毒?

在接触和使用农药过程中，由于缺乏安全预防措施或操作不当等，使农药侵入到人体超过了正常的最大忍受量，使人的正常的生理功能出现失调，引起毒性为害和病理改变，表现出一系列中毒临床症状，就称之为农药中毒。农药中毒一般可分为急性中毒与慢性中毒两种。

54. 北京市区（县）级农药监管执法的负责部门是谁?

依据《农药管理条例》相关规定，北京市区（县）级农业行政主管部门负责本行政区域内的农药监督管理工作。

55. 北京市农药监督管理的执法依据有哪些?

北京市农药监督管理的执法依据有《农药管理条例》《农药管理条例实施办法》《农药标签和说明书管理办法》《北京市食品安全条例》及国家相关法律法规。

56. 什么是简易程序行政处罚?

简易程序行政处罚又称为当场处罚程序，指行政处罚主体对于事实清楚、情节简单、后果轻微的行政违法行为，当场作出行政处罚决定的程序。

可以适用简易程序的行政处罚案件，必须符合以下 3 个条件:

（1）违法事实确凿;

（2）对该违法行为处以行政处罚有明确、具体的法定依据;

（3）处罚较为轻微，即对公民处以 50 元以下的罚款或者警告，对法人或者组织处以 1 000 元以下的罚款或者警告。

57. 什么是一般程序行政处罚?

一般程序行政处罚是指做出行政处罚决定应当经过正常的普遍程序。包括立案、调查取证、告知处罚理由依据、享有权利、处罚决定的作出，以及处罚决定书的交付、送达等内容。

58. 监管机关开展农药监管的主要方式有哪些?

监管机关开展农药监管主要有 3 种方式: 日常监管、监督抽查（包括指定对象监督抽查、交叉监督抽查、委托监督抽查）与大案要案查处。

59. 农业行政主管部门在开展日常监管工作中可以行使哪些职权？

根据有关法律法规相关规定，县级以上农业行政主管部门可以对本行政区域内的农药生产企业或经营单位行使下列职权：

（1）依法进行现场检查。农业行政主管部门有权进入销售门店、农药库房等场所进行检查，当事人不得拒绝。

（2）依法向有关当事人调查、了解情况。农业行政主管部门在出示证件、表明身份后，可以向企业的法定代表人、主要负责人、有关工作人员和经营单位了解是否有违法行为。被了解情况的有关人员须如实反映真实情况，不得拒绝和隐瞒。

（3）依法查阅、复印有关材料。农业行政主管部门有权查阅、复印涉嫌农药产品违法行为相关的合同、发票、帐薄以及相关资料。

（4）依法监督处理假、劣农药。生产、经营假农药、劣质农药的单位，在农业行政主管部门或者法律、行政法规规定的其他有关部门的监督下，负责处理被没收的假农药、劣质农药。

（5）依法查处经营违法行为。农业行政主管部门对经营单位的违法行为，可以依据法律法规的规定，给予违法农药生产企业、经营单位责令改正、处罚、没收等处罚。

60. 北京市农药监管的工作目标是什么？

北京市农药监管的工作目标是：农药生产、经营单位检查覆盖率100%，重大假劣农药案件查处率100%，市场检查与质量抽检不合格产品查处率100%，上级督办案件查处率100%（协查），投诉举报案件查处率和反馈率100%。最终达到无因禁限用农药引发的重大农产品质量安全事件，无因假劣农药引发的重大农业生产事故。

二、农药标签解读

1. 什么是农药标签?

农药标签是紧贴或印制在农药产品包装上直接向用户传递该农药性能、使用方法、毒性、注意事项等内容的技术资料,也是向使用者传递产品有关技术信息、指导安全合理用药的主要说明。农药标签上的名称、产品性能、用途等各项内容都有严格的试验依据,是农药生产企业对试验结果的高度概括和总结。农药标签具有一定的法律效力。农药生产企业进行产品登记时,产品标签上的内容都必须经过农药登记部门严格审查并获得批准后才允许使用。使用者严格按照标签上的说明使用农药,不仅能达到安全有效的目的,而且能起到保护消费者自身利益的作用。

2. 农药产品标签必须符合哪些要求?

农药产品标签必须符合如下要求:

(1)农药标签必须粘贴在农药产品的包装容器上。

(2)一种农药标签只能适用一种农药产品。

(3)农药标签标示的内容必须符合国家有关法律、法规的规定。农药标签标示的内容必须真实,并与农业部核准的备案标签一致。不得擅自修改产品的使用范围、防治对象,不得使用宣传等广告用语,也不能以粘贴的形式修改农药生产日期等标签内容。

(4)农药标签标示的内容应科学、准确并通俗易懂,以便于使用者能够正确理解和掌握该产品的性能、特征及正确的使用方法。

(5)农药在流通中,标签不得脱落,其内容不应模糊,必须保证用户在购买或使用时,标签上的文字、符号、图形清晰醒目,易于辨认和阅读。

(6)农药标签中的重要内容如产品名称、含量、剂型、有效成分中文通用名称、防治对象、使用方法、毒性标识等,应尽可能配置大的空间或置于显著位置。

（7）农药标签必须使用规范的中文简体汉字，少数民族地区可以同时使用少数民族文字。

（8）分装产品标签必须与原生产企业正式使用的标签内容一致。

3.农药标签应当标注哪些内容？

农药标签是农药产品的身份证，合格的农药标签可以指导农民科学合理安全使用农药。按照《农药管理条例》和《农药标签和说明书管理办法》的规定，农药标签应标注以下内容：农药名称、有效成分及含量、剂型、农药登记证号或农药临时登记证号、农药生产许可证号或者农药生产批准文件号、产品标准号、企业名称及联系方式、生产日期、产品批号、有效期、重量、产品性能、用途、使用技术和使用方法、毒性及标识、注意事项、中毒急救措施、贮存和运输方法、农药类别、像形图及其他经农业部核准要求标注的内容。

农保

农药登记证号或临时登记证号：
农药生产许可证（或生产批准文件）号：
产品标准号：

氯氰·毒死蜱

总有效成分含量：522.5克/升
氯氰菊酯：47.5克/升
毒死蜱：475克/升
剂型：乳油

中等毒

使用技术和使用方法：

作物	防治对象	制剂用药量		使用方法
棉花	棉铃虫	1200～1500毫升/公顷	80～100毫升/亩	喷雾

1. 本品应于棉铃虫卵孵化盛期至低龄幼虫钻蛀期间施药，注意喷雾均匀，视虫害发生情况，每10天左右施药1次，可连续用药3～4次。
2. 本品对瓜类、莴苣苗期及烟草敏感，施药时应避免药液移到上述作物上，以防产生药害。
3. 大风天或预计1小时内降水，请勿施药。

生产企业名称：
地址：　　　　　　　邮编：
电话：　　　传真：　　　网址：

杀虫剂

产品性能（用途）：
本产品为有机磷类农药与拟除虫菊酯类农药的混剂。具有触杀、胃毒和一定的熏蒸作用。作用于害虫的神经系统，可杀死棉花作物上的棉铃虫幼虫，宜在幼虫早期施药。

注意事项：
1. 产品在棉花作物上使用的安全间隔期为21天，每个作物周期最多使用次数为4次。
2. 本品由菊酯类农药与有机磷类农药混配而成，建议与其作用机制不同的杀虫剂轮换使用。
3. 本品对蜜蜂、鱼类等水生生物、家蚕有毒，施药期间应避免对周围蜂群的影响，蜜源作物花期、蚕室和桑园附近禁用。远离水产养殖区施药，禁止在河塘等水体中清洗施药器具。
4. 本品不可与呈碱性的农药等物质混合使用。
5. 使用本品时应穿戴防护服和手套，避免吸入药液。施药期间不可吃东西和饮水。施药后应及时洗手和洗脸。

中毒急救：
中毒症状表现为曲搐、痉挛、恶心、呕吐等。
不慎吸入，应将病人移至空气流通处。不慎接触皮肤或溅入眼睛，应用大量清水冲洗至少15分钟。误服则应立即携此标签将病人送医院诊治。医生应首先判断中毒的主要原因，若判断为毒死蜱中毒为主，可以使用阿托品和解磷定。洗胃时，应注意保护气管和食管。

贮存和运输：
本品应贮存在干燥、阴凉、通风、防雨处，远离火源或热源。置于儿童触及不到之处，并加锁。勿与食品、饮料、饲料等其他商品同贮同运。破损的容器应妥善处理，不可做他用，也不可随意丢弃。

净含量：100毫升
生产日期：　年　月　日　批号：　　有效期：　年

红色标志带

合格农药产品标签示例

产品附具说明书的，说明书应当标注前款规定的全部内容；标签至少应当标注农药名称、剂型、农药登记证号或农药临时登记证号、农药生产许可证号或者农药生产批准文件号、产品标准号、重量、生产日期、产品批号、有效期、企业名称及联系方式、毒性及标识，并注明"详见说明书"字样。

杀鼠剂产品标签还应当印有或贴有规定的杀鼠剂图案和防伪标识。

分装的农药产品，其标签应当与生产企业所使用的标签一致，并同时标注分装企业名称及联系方式、分装登记证号、分装农药的生产许可证号或者农药生产批准文件号、分装日期，有效期自生产日期起计算。

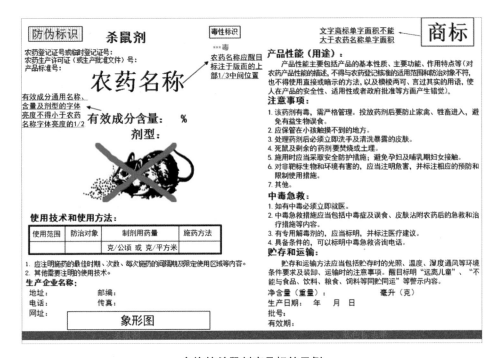

合格的杀鼠剂产品标签示例

4. 什么是农药"三证号"？

农药"三证号"是指农药登记证号（用 PD 或 PDN 表示）或农药临时登记证号（用 LS 表示），农药生产许可证号或农药生产批准文件号（用 XK 或 HNP 表示），产品标准号（国家标准用 GB、行业标准用 NY 或 HG、企业标准用 Q 表示）。分装的农药产品应同时标注分装登记证号，进口农药产品直接销售的，可以不标注农药生产许可证号或者农药生产批准文件号、产品标准号。

农药登记证号：PD20091693 农药生产批准文件号：HP11008-A6083 产品标准号：Q/SY BRD005-2007	生产企业农药登记证号：PD20050056 分装企业农药登记证号：PD20050056F070087 产品标准号：Q/3201SKSH026-2007 生产批准证号：HNP32153-P0475

农药三证号标注示例

5.农药名称应怎样标注？

农药名称由有效成分中文通用名称、有效成分含量和加工剂型 3 部分组成。

（1）标签上的农药名称应使用农药有效成分中文通用名称或由 2 个或 2 个以上的农药有效成分中文通用名称简称组成的名称。一个农药产品应只有一个产品名称。

（2）农药名称要用醒目大字表示，并位于整个标签的显著位置。

（3）在标签的农药名称正下方标注产品中含有的各有效成分中文通用名称的全称、含量及加工剂型等。

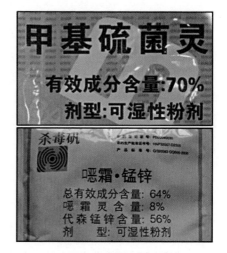

农药名称标注方式示例

（4）农药产品的有效成分含量通常采用质量百分数（%）表示，也可采用质量浓度（克/升）表示。特殊农药可用其特定的通用单位表示。

6.农药有效成分含量如何表示？

农药产品的有效成分含量通常采用质量分数（%）表示，也可采用质量浓度（克/升）表示，特殊农药也可用特定的通用单位表示。

一般来说固体农药产品以质量百分含量（%）表示，如 70% 甲基硫菌灵可湿性粉剂、50% 多菌灵可湿性粉剂。液体产品采用质量百分含量（%）表示，如 1.8% 阿维菌素乳油，也可采用单位体积质量（克/升）表示，如 200

克 / 升百草枯水剂。对于少数特殊农药，根据产品的特殊性，采取其特定的通用单位表示，如寡雄腐霉等产品采用单位质量中含有的活孢子数量（活孢子个数 / 克）表示。

7. 农药名称在农药标签上的标注方式有哪些要求?

为使人们能够方便阅读农药标签，《农药标签和说明书管理办法》第二十七条规定，农药名称应显著、突出，字体、字号、颜色应当一致，并符合下列要求：一是对于横版标签，应当在标签上部 1/3 范围内中间位置显著标出；对于竖版标签，应当在标签右部 1/3 范围内中间位置显著标出；二是不得使用草书、篆书等不易识别的字体，不得使用斜体、中空、阴影等形式对字体进行修饰；三是字体颜色应当与背景颜色形成强烈反差；四是除因包装尺寸的限制无法同行书写外，不得分行书写。

8. 为什么要取消农药商品名?

以前农药市场上农药商品名称五花八门，经常误导消费者正确选择和合理使用农药。多种农药商品名称不仅给农业生产和农产品质量安全带来了潜在的为害，而且也极大地破坏了农药市场公平竞争秩序。针对"一药多名"问题，2007 年 12 月 8 日，《中华人民共和国农业部公告第 944 号》明文规定，自 2008 年 7 月 1 日起，农药生产企业生产的农药产品一律不得使用商品名称，而改用通用名称。取消商品名、规范农药产品名称是推进农药市场健康、有序发展的客观需要，是维护农民对产品知情权的客观需要，是保障农业生产和农产品安全的客观需要。

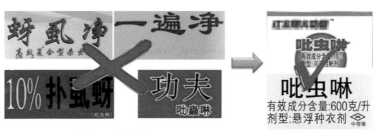

取消商品名、规范农药产品名称

9. 农药商标上的 ® 或 TM 含义是什么？

® 是指该商标已在国家商标局[①] 进行注册申请并已经商标局审查通过的"注册商标"，具有排他性、独占性、唯一性等特点，任何企业或个人未经注册商标所有权人许可或授权，均不可自行使用。

注册商标

标注 TM 的文字、图形或符号是商标，但不一定已经注册。TM 表示的是该商标已经向国家商标局提出申请，并且国家商标局也已经下发了《受理通知书》，进入了异议期，这样就可以防止其他人提出重复申请，也表示现有商标持有人有优先使用权。

商 标

标签使用商标的，应当标注在标签的"边"或"角"；含文字的，其单字面积不得大于农药名称的单字面积。

10. 我国农药毒性标识是如何规定的？

农药产品毒性分为 5 级，即：剧毒、高毒、中等毒、低毒和微毒。《农药标签和说明书管理办法》第十六条规定，农药标签上必须标明农药的毒性并按照下列规定分别标注。

剧毒农药：用黑框、黑骷髅图样和红字"剧毒"字样表示。

高毒农药：用黑框、黑骷髅图样和红字"高毒"字样表示。

中等毒农药：用黑框、黑十字标识和红字"中等毒"字样表示。

低毒农药：用黑框黑字字样表示。

微毒农药：直接用红字"微毒"字样表示。

毒性级别与原药的最高毒性级别不一致时，应当同时以括号"（红字）"

---

① 中华人民共和国国家工商行政管理总局商标局，全书简称国家商标局。

标明原药的最高毒性级别。

农药毒性标识

11. 农药种类标志带由哪几种颜色组成？

《农药标签和说明书管理办法》第二十条规定，农药类别应当采用相应的文字和特征颜色标志带表示。种类标志带分别由红色、黑色、绿色、蓝色和深黄色区别。红色标志带上应标注"杀虫剂"或"杀螨剂"或"杀虫/杀螨剂"或"杀软体动物剂"；黑色标志带上应标注"杀菌剂"或"杀线虫剂"；绿色标志带上应标注"除草剂"；蓝色标志带上应标注"杀鼠剂"；深黄色标志带上应标注"植物生长调节剂"；不同类别混配的产品应同时标出。

农药种类标志带

12. 什么是农药有效期（保质期）？

农药在生产企业生产包装之日起到没有降质降效的最后日期，这段时间叫做有效期，也叫保质期。在有效期内农药产品质量不能低于质量标准规定的各项技术指标，使用者按照农药标签上的防治对象、使用方法、施药浓度等规定应用，应能达到满意的防治效果而且不会产生药害。

13. 农药产品有效期（保质期）在农药标签上如何表示？

农药产品有效期一般用以下 4 种形式中的一种方式标明：

（1）生产日期（或批号）和质量保证期。如生产日期（批号）"2013-06-18"，表示2013年6月18日生产，注明"产品保质期几年"。

（2）产品批号和有效日期。

（3）产品批号和失效日期。

（4）分装产品的标签上分别注明产品的生产日期和分装日期，其质量保质期执行生产企业规定的质量保质期。

14. 农药标签中的企业名称应如何标注？

依据《农药标签和说明书管理办法》第十条的规定，企业名称是指生产企业的名称，联系方式包括地址、邮政编码、联系电话等。进口农药产品应当用中文注明原产国（或地区）名称、生产者名称以及在中国办事机构或代理机构的名称、地址、邮政编码、联系电话等。《农药标签和说明书管理办法》第十条第三款的规定，除本办法规定的机构名称外，标签不得标注其他任何机构的名称。如果农药产品标签上标注了："×× 监制""×× 技术""×× 国家进口"等与本企业无关的单位或部门，则此标签就属于不合格农药标签。

生产企业：河北省深州市奥邦农化有限责任公司
地址：河北省深州市双井工业区
电话：0318-3714409

生产企业名称：福建新农大正生物工程有限公司
地址：福建省福州市洋桥西路268号太阳城综合楼2号6F
邮编：350002　电话：0591-83792843 传真：0691-83768749
网址：www.sinodashing.com

生产企业：日本曹达株式会社
分装单位：中农住商（天津）农用化学品有限公司
地址：天津市武清区杨村镇南电话：022-26971467邮编：301700

农药生产企业标注方式

15. 农药标签或说明书上有广告或夸张用语可以吗？

依据《农药标签和说明书管理办法》第二十四条的规定，标签不得标注任何带有宣

不合格农药标签上的广告语

传、广告色彩的文字、符号、图案，不得标注企业获奖和荣誉称号。如果农药标签上有"优质产品""农民的首选""绿色农业""保证高产""无效退款""保险公司保险""最好""最强""超高效""超内吸""特效""安全""无毒""无残留"和"防治效果高达×%以上"等广告宣传用语，那么这种农药标签就属于不合格农药标签。

16. 可以标注未经登记的使用范围和防治对象吗?

为进一步规范农药标签和说明书管理，完善农药登记制度，《农药标签和说明书管理办法》对农药标签内容进行了详细规定，其中明确要求农药标签和说明书上不得出现未经登记的使用范围和防治对象的图案、符号、文字。农药标签内容都是要经过农药管理部门审核的，需要经过登记备案以后才能印在标签上，擅自更改农药标签涉嫌违法。

17. 农药标签可以"粘贴"吗?

经核准的农药标签和说明书，农药生产、经营者不得擅自改变标签内容。如果农药生产企业、经营部门擅自以裁剪、粘贴和涂改等方式对农药标签进行修改或者补充，就违反了《农药标签和说明书管理办法》第五条的相关规定。

18. 农药标签应标明哪些注意事项?

农药标签应标明以下注意事项：

（1）标明该农药与哪些物质不能混合使用。

（2）按照登记批准内容，注明该农药限用的条件（包括时间、天气、温度、湿度、光照、土壤、地下水位、作物和地区等）。

（3）注明该农药已制定国家标准的安全间隔期，一季作物最多使用的次数等。

（4）注明使用该农药时需穿戴的防护用品、安全预防措施及注意事项等。

（5）注明施药器械的清洗方法、残剩药剂的处理方法等。

（6）注明该农药中毒急救措施，必要时注明对就医的建议等。

（7）注明该农药国家规定的禁止使用的作物或范围等。

19. 农药标签上汉字字体高度可以小于 1.8 毫米吗?

依据《农药标签和说明书管理办法》第二十六条的规定,标签上汉字的字体高度不得小于 1.8 毫米。

20. 您了解农药标签上像形图的含义吗?

为确保更加安全、谨慎地使用农药,标签上应使用有利于安全使用农药的象形图,象形图的种类和含义见图。

放在儿童接触不到的地方,并加锁

配制液体农药

配制固体农药

喷 药

戴手套

戴防护罩

施药后需清洗

戴口罩

穿胶鞋

戴防毒面具

危险/对畜禽有害

危险/对鱼有害,不要污染湖泊、河流、池塘和小溪

农药标签上的象形图

三、农药生产须知

1. 开办农药生产企业应具备什么条件?

依据《农药管理条例》第十三条的规定,开办农药生产企业(包括联营、设立分厂和非农药生产企业设立农药生产车间),应当具备下列条件,并经企业所在地的省、自治区、直辖市工业产品许可管理部门审核同意后,报国务院工业产品许可管理部门批准;但是,法律、行政法规对企业设立的条件和审核或者批准机关另有规定的,从其规定。

(1)有与其生产的农药相适应的技术人员和技术工人;

(2)有与其生产的农药相适应的厂房、生产设施和卫生环境;

(3)有符合国家劳动安全、卫生标准的设施和相应的劳动安全、卫生管理制度;

(4)有产品质量标准和产品质量保证体系;

(5)所生产的农药是依法取得农药登记的农药;

(6)有符合国家环境保护要求的污染防治设施和措施,并且污染物排放不超过国家和地方规定的排放标准。

农药生产企业经批准后,方可依法向工商行政管理机关申请领取营业执照。

2. 生产农药必须取得农药登记吗?

依据《农药管理条例》等相关法律法规,对于生产(包括原药生产、剂型加工和分装)农药和进口农药,必须进行登记。同时农业部负责农药产品的登记工作,每一个生产企业在生产一种农药前都要先进行农药登记,确定防治范围和适用作物。农药登记就像是农药的一个"身份证",既便于农业监管部门进行市场监管,同时也有效防止其他企业假冒、伪造此种农药产品。

农药登记证

3. 农药登记用什么样方式表示?

农药登记分为田间试验阶段、临时登记阶段和正式登记阶段 3 个阶段。

田间试验阶段的农药是由研制者提出田间试验申请经批准后方可进行田间试验,用 "SY+ 数字" 来表示,田间试验阶段农药产品是不允许在市场上销售流通的。

临时登记阶段是指田间试验后由其生产者申请临时登记,经国务院农业行政主管部门发给农药临时登记证后,方可在规定的范围内进行田间试验示范、试销,用 "LS+ 数字" 表示,农药临时登记证有效期为 1 年,可以续展,累计有效期不得超过 3 年。

正式登记阶段是指经田间试验示范、试销后可以作为正式商品流通的农药,申请正式登记后经国务院农业行政主管部门发给农药登记证后方可生产和销售,用 "PD+ 数字" 来表示,农药登记证有效期为 5 年,可以续展。

另外,用作卫生用杀虫剂,如杀虫气雾剂、蚊香液、蚊香片等,也属于农药产品。卫生用杀虫剂也分为临时登记和正式登记,临时登记用 "WL+ 数字" 表示,正式登记用 "WP+ 数字" 表示。

4. 农药生产企业不许可生产哪些农药产品?

依据《农药管理条例》等相关法律法规规定,农药生产企业不许可生产下列农药产品：

（1）不得生产无证农药产品；

（2）不得生产标签不合格的农药产品；

（3）未经批准不得自行分装生产农药产品；

（4）不得生产过期农药产品；

（5）不得生产国家明令禁止生产的剧毒、高毒农药产品；

（6）不得生产假冒伪劣农药产品；

（7）法律法规规定的其他产品。

5. 农药产品有效成分含量范围有何规定？

《农药登记资料规定》对农药有效成分含量范围作了明确规定，具体如下：

（1）已有国家标准、行业标准的产品，按相应标准规定有效成分含量。

（2）尚未有国家标准、行业标准的产品，按下表规定有效成分含量。标明含量是生产者在标签上标明的有效成分含量；允许波动范围是客户或第三方检测机构在产品有效期内按照登记的检测方法进行检测时，应当符合下表的含量范围。

固体制剂的有效成分含量以质量分数（%）表示。液体制剂产品应当在产品化学资料中同时明确产品有效成分含量以克/升和质量分数（%）表示的技术要求，申请人取其中的一种表示方式在标签上标注。

特殊产品可以参照下表，制定有效成分含量范围要求。

表　产品中有效成分含量范围要求

标明含量 X （% 或克 /100 毫升，20℃ ±2℃）	允许波动范围
X ≤ 2.5	±15%X（对乳油、悬浮剂、可溶液剂等均匀制剂） ±25%X（对颗粒剂、水分散粒剂等非均匀制剂）
2.5 ＜ X ≤ 10	±10%X
10 ＜ X ≤ 25	±6%X
25 ＜ X ≤ 50	±5%X
X ＞ 50	±2.5% 或 2.5 克 /100 毫升

6. 我国对同一有效成分、同一剂型的有效成分含量设几个梯度？

以前我国不同农药生产企业往往对同一产品开发多个含量并且差别较小，导致企业间恶性竞争，扰乱了农药市场，使用者选择困难。为了避免上述现象的发生，农业部①、国家发改委②于 2007 年 12 月 12 日联合发布了 946 号公告，就农药有效成分做出如下管理规定：有效成分和剂型相同的农药产品（包括相同配比的混配制剂产品），其有效成分含量设定的梯度不得超过 5 个。

7. 农药产品的生产日期可否印制在瓶盖（或瓶底）上？

农药产品的生产日期是可以印制在瓶盖（或瓶底）上的，但标签上应标注生产日期见瓶盖（或瓶底）；同时生产日期应严格按照《农药标签和说明书管理办法》第十一条的规定的格式进行标注，即生产日期应当按照年、月、日的顺序标注，年份用四位数字表示，月、日分别用两位数表示。

8. 说明书应当如何放置？

如果农药产品包装尺寸过小、标签无法标注《农药标签和说明书管理办法》第七条规定内容的，应当附具相应的说明书。说明书应当放置在农药包装箱内。包装箱内说明书的数量应当不少于最小包装单元的数量。农药经营者销售时，随每一个最小包装单元配发一份说明书。

9. 农药产品标签上能否允许标注多个注册商标？

农药产品标签上可以标注多个注册商标。但标注的注册商标必须符合《农药标签和说明书管理办法》第二十九条的规定。

10. 同一农药产品不同规格包装，标签设计有何规定？

《农药标签和说明书管理办法》规定，一个农药产品只有一个登记核准标签。包装规格不同的同一产品，除净含量按有关规定标注外，其他内容应与

---

① 中华人民共和国农业部，全书简称农业部。
② 中华人民共和国国家发展和改革委员会，全书简称国家发改委。

登记核准标签内容一致，并按《农药标签和说明书管理办法》设计。

11. 如何变更登记核准标签？

经登记核准的标签，农药生产、经营者不得擅自改变其内容。需要对标签和说明书进行修改的，应当报农业部重新核准。农业部根据农药产品使用中出现的安全性和有效性问题，可以要求农药生产企业修改标签和说明书，并重新核准。企业申请变更核准标签时，应提交如下资料到农业部农药检定所办理。

（1）备案标签变更的申请报告，要阐明修改标签的理由，指出需要修改的地方，必要时须提交修改标签依据的相应试验报告。新设计的标签样张，应符合《农药标签和说明书管理办法》的要求。

（2）原已加盖中华人民共和国农药登记审批专用章的核准标签（原件）和农药临时登记证或农药登记证复印件。

（3）与变更内容有关的资料。

12. 检查农药登记情况需要检查哪些内容？

检查农药登记情况需要检查以如下内容：

（1）是否标注了农药登记证号或农药临时登记证号；

（2）所标注的农药登记证号或农药临时登记证号是否与农业部批准的指定企业中指定产品相符；

（3）所标注的农药登记证号或农药临时登记证号是否在有效状态。如果不在有效状态，农药标签上标注的生产日期是否在登记证的有效期以内。

13. 农药质量抽检主要检查哪些方面？

农药质量抽检主要检查以下几个方面：

（1）检查农药产品是否符合产品质量标准的规定。除农药有效成分含量和相关的辅助技术指标外，还包括对农药杂质、限制性成分管理。

（2）检查产品的净含量是否与标签标注的含量一致。

（3）检查产品所含农药有效成分的种类、名称与农药标签或说明书上注明的种类、名称是否一致，包括是否擅自添加其他农药有效成分。

（4）检查产品中是否含有其他导致药害等的有害成分。

14. 是否所有大田用农药都需标注安全间隔期与每季最多使用次数？

农药产品需要明确安全间隔期的应当标注安全间隔期与农作物每个生长周期最多使用次数。对于一些特殊产品，如用于非食用作物（饲料作物除外）的农药、低毒或微毒种子处理剂（包括拌种剂、种衣剂、浸种用的制剂等）、用于非耕地的农药（畜牧业草场除外），可以不标注安全间隔期与每季最多使用次数。

15. 发布农药广告需要进行审批吗？

根据《中华人民共和国广告法》第三十四条规定，利用广播、电影、电视、及其他媒介发布农药、兽药等商品的广告，必须在发布前依照有关法律、行政法规由有关行政主管部门（以下简称广告审查机关）对广告内容进行审查；未经审查，不得发布。为落实《中华人民共和国广告法》的规定，国家工商局 [1] 和农业部共同发布了《农药广告审查办法》。《农药广告审查办法》第五条规定，通过重点媒介发布的农药广告和境外生产的农药的广告，需经国务院农业行政主管部门审查批准，并取得农药广告审查批准文号后，方可发布。其他农药广告，需经广告主所在地省级农业行政主管部门审查批准。对违法发布农药广告的，根据《中华人民共和国广告法》和《农药广告审查办法》的规定，应由县级以上工商行政管理部门予以处罚。

四、农药经营须知

1. 经营农药应具备哪些条件？

依据《农药管理条例》第十九条的规定，农药经营单位应当具备下列条

---

[1] 中华人名共和国国家工商行政管理局，全书简称国家工商局。

件和有关法律、行政法规规定的条件，并依法向工商行政管理机关申请领取营业执照后，方可经营农药。

（1）有与其经营的农药相适应的技术人员；

（2）有与其经营的农药相适应的营业场所、设备、仓储设施、安全防护措施和环境污染防治措施；

（3）有与其经营的农药相适应的规章制度；

（4）有与其经营的农药相适应的质量管理制度和管理手段。

2. 农药经营单位在采购农药时应注意什么？

农药经营单位在采购农药时应注意以下事项：

（1）尽量到有威望的农药生产企业或农药经营部门购买农药产品，切不可轻信小商贩送上门的农药产品；

（2）认真查看、核对农药标签；

（3）要求供销商提供该种农药产品的农药登记证和产品出厂合格证；

（4）向供销商索取有效票据。

3. 农药经营单位不许可经营哪些农药？

依据《农药管理条例实施办法》第二十二条的规定，农药经营单位不得经营下列农药：

（1）无农药登记证或者农药临时登记证、无农药生产许可证或者生产批准文件、无产品质量标准的国产农药；

（2）无农药登记证或者农药临时登记证的进口农药；

（3）无产品质量合格证和检验不合格的农药；

（4）过期而无使用效能的农药；

（5）没有标签或者标签残缺不清的农药；

（6）撤销登记的农药。

4. 如何自查农药标签是否合格？

可以通过以下途径查询农药标签：

（1）充分利用互联网网络资源，在"中国农药信息网"上输入完整的农药登记证号或者农药临时登记证号即可查询；

（2）使用专业的农药电子手册查询；

（3）使用农业部《农药登记公告》查询；

（4）将农药标签与农药登记证或农药临时登记证复印件进行核对；

（5）请有关专家帮助检查。

利用"中国农药信息网"查询农药标签

农药电子手册的进入界面　　　　　　　　《农药登记公告》

5.柜台农药摆放要遵循哪些原则?

柜台农药摆放要遵循如下原则:

（1）固体和粉尘农药要放置在货架的上部，液体农药要放置在货架的下部，以免液体农药溢出污染下面的农药产品。

（2）除草剂不应放在杀虫剂或杀菌剂的上面，以免除草剂溢出污染杀虫剂或杀菌剂导致药害的发生。

（3）杀鼠剂及高毒农药应设立专区或专柜，单独隔离存放在不易接触的地方，并设置醒目装置、上锁。

（4）柜台展示区要在醒目的地方放置或贴有警示标语，如"农药有毒""禁止吸烟、吃东西、喝饮料"等。

6. 过期农药可以经营吗？

依据《农药管理条例》第二十三条的规定，超过产品质量保证期限的农药产品，经省级以上人民政府农业行政主管部门所属的农药检定机构检验，符合标准的，可以在规定期限内销售；但是，必须注明"过期农药"字样，并附具使用方法和用量。

7. 农药经营部门应如何正确保管与储存农药？

农药经营部门保管与储存农药须遵照以下原则：

（1）要将农药放在儿童拿不到的地方并加锁保护；

（2）要有专用农药库房并设专人管理；

（3）严格进、出手续，防止误用或坏人利用农药从事不法活动；

（4）不得将农药与其他，特别是化肥、食品、蔬菜等混合堆放；

（5）要放在干燥、通风、不漏雨和阳光不能直接照射处；

（6）堆放不要过高，防止挤压溢漏；

（7）要将农药按杀虫剂、杀菌剂和除草剂等分门别类摆放，避免拿错造成作物药害；

（8）要随时检查生产日期，禁止购进和销售过期农药。

8. 农药经营部门有哪些权利义务？

农药经营部门有以下权利义务：

（1）可以不接受一定时间内的重复抽查；

（2）不需要缴纳监督抽查检测费用；

（3）对抽检检测结果有异议的可以申请复检；

（4）不得拒绝依法进行的农药监督执法检查；

（5）对于经营农药质量不合格的农药产品行为，接受农药监督执法部门行政处罚。

9. 做好农药经营需要注意哪些方面？

做好农药经营应注意以下方面：

（1）农药经营单位购进农药，应当将农药产品与产品标签或者说明书、产品质量合格证核对无误，并进行质量检验。

（2）禁止收购、销售无农药登记证或者农药临时登记证、无农药生产许可证或者农药生产批准文件、无产品质量标准和产品质量合格证和检验不合格的农药。

（3）农药经营部门应当统一建立出库、入库台账，妥善保存进货、销售凭证，并随时接受有关部门检查，建立可追溯管理制度。

（4）农药经营单位应当按照国家有关规定做好农药储备工作。贮存农药应当建立和执行仓储保管制度，确保农药产品的质量和安全。

（5）不销售超过产品质量保证期限的农药产品。超过产品质量保证期限的农药产品，应经省级以上人民政府农业行政主管部门所属的农药检定机构检验，符合标准的，可以在规定期限内销售；但是，必须注明"过期农药"字样，并附具使用方法和用量。

（6）农药经营单位应当向使用农药的单位和个人正确说明农药的用途、使用方法、用量、中毒急救措施和注意事项。

（7）农药销售部门售出农药时应主动向购买者出具有效票据并备案存档；农药售出后，应当做好售后跟踪服务工作，及时解决和处理在防治病虫草鼠害过程中存在的问题。

（8）注意防火防盗。

10. 农药经营单位需要填写购销台账吗?

依据《北京市食品安全条例》第四十条的规定,农药、兽药、饲料和饲料添加剂、肥料等农业投入品经营者应当建立经营记录,记录投入品名称、来源、进货日期、生产企业、销售时间、销售对象、销售数量等内容,保存期限不得少于2年;销售农业投入品时,应当向购买者提供产品说明书,明确提示购买者注意产品说明书中有关投入品用法、用量和使用范围等信息。

依据《北京市食品安全条例》第七十一条的规定,农药、兽药、饲料和饲料添加剂、肥料等农业投入品经营者违反本条例第四十条的规定,由农业行政部门责令限期改正,没收违法所得和违法经营的投入品,并处2 000元以上1万元下罚款。

11. 如何从农药产品标签和包装识别假劣农药?

通过农药产品标签和包装识别其是否为假劣农药,应从以下几方面入手:

(1)农药产品包装必须贴有标签或者附具说明书。标签应当紧贴或者印制在农药包装物上。标签或者说明书上标注内容应符合国家法律法规的规定。

(2)农药名称应当使用通用名称或简化通用名称,如"阿维菌素""百菌清""高氯·毒死蜱"(有效成分为高效氯氟氰菊酯和毒死蜱)。农药名称一律不得使用商品名称。

(3)商标单字面积不得大于农药名称的单字面积,且应当标注在标签的边或角的位置。

(4)农药标签上只能标注生产企业、分装企业的名称。除进口农药产品外,其他农药产品不得标注"××公司代理""××公司总经销"等内容。

(5)标签不得标注任何带有宣传、广告色彩的文字、符号、图案,不得标注企业获奖和荣誉称号。法律、法规或规章另有规定的,从其规定。

(6)标签和说明书上不得出现未经登记的使用范围和防治对象的图案、符号、文字。

12. 如何从农药产品物理形态识别假劣农药?

可通过农药产品如下物理形态特征识别假劣农药:

(1)粉剂、可湿性粉剂应为疏松粉末,无结块。如有结块或有较多的颗粒感,说明已受潮,不仅产品的细度达不到要求,其有效成分含量也可能会发生变化。如果产品颜色不匀,亦说明可能存在质量问题。

(2)乳油应为均相液体,无沉淀或悬浮物。如出现分层和混浊现象,或加水稀释后的乳状液不均匀或有浮油、沉淀物,则产品质量可能有问题。

(3)悬浮剂、悬乳剂应为可流动的悬浮液、无结块,长期存放,可能存在少量分层现象,但经摇晃后应能恢复原状。如果经摇晃后,产品不能恢复原状或仍有结块,说明产品存在质量问题。

(4)熏蒸用的片剂如出现粉末状,表明已失效。

(5)水剂应为均相液体,无沉淀或悬浮物,加水稀释后一般也不出现混浊、沉淀。

(6)颗粒剂产品应粗细均匀,不应含有许多粉末。

13. 应如何处理假农药、劣质农药?

依据《农药管理条例实施办法》第三十三条的规定,对假农药、劣质农药等需进行销毁处理的,必须严格遵守环境保护法律、法规的有关规定,按照农药废弃物的安全处理规程进行,防止污染环境;对有使用价值的,应当经省级以上农业行政主管部门所属的农药检定机构检验,必要时要经过田间试验,制定使用方法和用量。

14. 我国目前对经营杀鼠剂有哪些特殊规定?

除法律法规规定的农药经营单位应具备的条件外,经营杀鼠剂还需要符合以下规定:

(1)实行经营资格核准和统一购买发放制度,即定点经营;营业执照中注明"定点经营杀鼠剂"字样。

(2)必须取得《危险化学品经营许可证》。

（3）建立健全杀鼠剂的规章制度，严格经营台帐，实行可追溯管理。

（4）具有主管部门，农村由县级或县级以上农业部门负责，城市由爱卫会[①] 负责。

（5）具有与经营杀鼠剂相适应的技术人员、安全管理人员、经营场所、设备和储存鼠药的仓储设施。

15. 我国农药经营有哪些发展趋势？

我国农药经营发展趋势如下：

（1）规模化。随着经营门槛的提高、管理力度的加大和连锁经营的发展，经营单位总体数量将逐步减少，一些大规模或品牌的经营企业将逐步显现。

（2）专业化。突出表现在经营人员的农药的专业水平普遍提高，有的针对特色农作物病虫害发生情况，开展特色经营；有的强化限制农药使用的专业化经营，充分利用技术特长，避免限制使用农药的潜在为害，发挥其价格、药效等优势。

（3）生产、经营与使用相互渗透。通过相互入股，建立相对稳定的关系，实现互惠互利，促进长远发展。

五、农药科学安全使用

1. 使用农药应遵循哪些规定？

依据《农药管理条例》等法律法规，使用农药应遵循下列规定：

（1）农药使用者应当确认农药标签清晰，农药登记证号或者农药临时登记证号、农药生产许可证号或者生产批准文件号齐全后，方可使用农药。

（2）农药使用者应当严格按照产品标签规定的剂量、防治对象、使用方法、施药适期、注意事项施用农药，不得随意改变。

（3）使用农药应当遵守农药防毒规程，正确配药、施药，做好废弃物处

---

① 爱国卫生运动委员会，全书简称爱卫会。

理和安全防护工作，防止农药污染环境和农药中毒事故。

（4）使用农药应当遵守国家有关农药安全、合理使用的规定，按照规定的用药量、用药次数、用药方法和安全间隔期施药，防止污染农副产品。

（5）剧毒、高毒农药不得用于防治卫生害虫，不得用于蔬菜、瓜果、茶叶和中草药。

（6）使用农药应当注意保护环境、有益生物和珍稀物种。严禁用农药毒鱼、虾、鸟、兽等。

禁用高毒、高残留农药

2. 不按规定使用农药应承担哪些责任?

《农药管理条例》第四十条第（四）项规定，不按照国家有关农药安全使用规定使用农药的，根据所造成的为害后果，给予警告，可以并处3万元以下的罚款。

《农药管理条例》第四十五条规定，违反本条例规定，造成农药中毒、环境污染、药害等事故或者其他经济损失的，应当依法赔偿。

3. 不合理使用农药会造成哪些危害?

不合理使用农药可能造成如下危害:

（1）不合理使用农药会造成农作物减产、畸形甚至死亡。

（2）不合理使用农药会使农产品降低品质甚至失去价值。

（3）不合理使用农药会造成农业生态环境失衡。大量不合理使用农药将造成局部地区有益的生物种类减少甚至死亡，使自然界的生物链断缺，导致当地农业生态环境恶化。

（4）不合理使用农药也会对人类身体健康造成伤害。

4. 如何减少农药对环境的影响？

通过以下方式可以减少农药对环境的影响：

（1）农药使用者要根据病虫草防治工作的需要，优先选择环境友好型农药品种或农药剂型；

（2）在使用前必须仔细阅读农药标签，了解药剂本身特点及注意事项；

（3）在具体施药过程中要合理把握最佳防治适期与施药方式，做到合理控制施药量与用药次数。同时选用先进的施药器械，提高农药利用率，避免对非靶标生物造成为害。

5. 购买农药有哪些小技巧？

购买农药可以采取以下几个小技巧：

（1）根据作物的病虫草害发生情况，确定农药的购买品种，对于自己不认识的病虫草，最好携带样本到所在区（县）植保站向植保专家进行咨询。

（2）仔细阅读标签，对照标签的基本要求进行辨别，最好查阅《农药登记公告》进行对照。

（3）选择可靠的销售商。

（4）选择有信誉、知名度的农药生产厂家的品种，

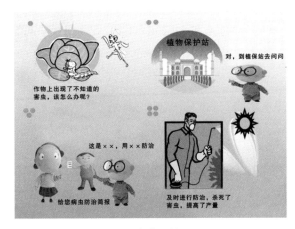

购买农药小技巧

使用农药新品种应该在当地通过试验、示范，证明是可行的。

（5）对于大多数病虫害，不要总是购买同一种有效成分的药剂，应该轮换购买不同的品种。

（6）要求农药销售者提供农药的处方单，购买农药时应索要发票，使用时或使用后如发现为假劣农药，应该保留包装物；出现药害，应该保留现场或拍下照片，并及时向农业行政主管部门或法律、行政法规规定的有关部门反映，以便及时查处。

6. 怎样避免购买到不合格农药？

购买放心农药，应参照以下原则：

（1）选购农药首先要查看农药标签，无农药登记证或者农药临时登记证、无农药生产许可证或者生产批准文件、无产品质量标准的农药产品不能购买；

（2）无产品质量合格证和检验不合格的农药产品不得购买；

（3）过期而无使用效能的农药不得购买；

（4）没有标签或者标签残缺不清的农药产品不得购买；

（5）变质的农药产品不得购买。

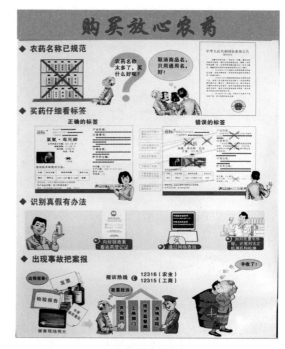

购买放心农药

7. 农作物发生病虫害就必须防治吗？

多数情况下田间一发生病虫害农民朋友就要打药，其实这一做法不一定正确。是否需要防治，必须全面考虑以下几点：

（1）考虑经济上是否合算。投入的病虫害防治费用起码应该和挽回病虫害造成的经济损失相等才合算。若病虫害较轻，造成损失不大，施用农药反而增加生产成本，这时就不必进行药剂防治。

（2）看病、虫的发生数量（或密度）。若发生数量较少或密度很低，也不一定要进行药剂防治。

（3）考虑天敌和其他环境因素对病虫害发生的影响。如田间害虫数量较多，但天敌数量也很大，可以达到控制害虫的目的，造成经济损失较小，则不必施药。

现代植保

8. 使用农药防治病虫草害的基本原则是什么?

使用农药防治病虫草害应遵循如下基本原则：

（1）正确诊断。用药之前先对病虫草害进行正确诊断。

（2）对症下药。根据病虫草害种类及其为害特点，选用农药种类和剂型。

（3）适时施药。根据病虫草害的发生规律，抓住其薄弱环节，选择适当用药时间。

（4）合理确定用药量和施药次数。不要盲目增加用药次数和随意加大用药量或提高浓度，否则会使作物发生药害，污染环境，并刺激其产生抗药性。

（5）选择适当的用药方法。应根据具体条件选用适当的施药方法，提高防治效果。

（6）交替轮换用药。选用作用靶标不同的农药交替轮换使用，减缓抗药性的产生。

（7）合理混用农药。合理混用可以防止害虫产生抗药性，同时起到兼治增效的作用，还可以减少用药次数。

植保信息获取途径

9. 确定农业病虫草害的施药适期需要注意哪些方面？

确定农业病虫草害的施药适期应注意以下方面：

（1）要在有害生物生育活动中最薄弱的环节施药。一般害虫处于幼龄期，对药剂抵抗力弱，也有很多病虫害生活习性中有着致命的弱点，这些都是施药的有利时期。

（2）要在有害生物发生初期施药。

（3）要在农作物抗性较强的生育期施药，这样才不容易发生药害。

（4）要在农作物最易受病虫害侵害的时期施药。

（5）要避免在天敌繁殖高峰期施药，这样可避免杀害大量的天敌，达到保护天敌的目的。

10. 如何正确选择施药时间？

选择施药时间应注意以下几方面：

（1）应选择好天气施药：田间的温度、湿度、气流、光照和雨露等因素都影响着施药质量。下大雨时作物上的药液被雨水冲刷，不但降低了药效，而且污染环境。刮大风时，药雾随风飘扬，使病菌、害虫、杂草表面接触到的药液减少，即使已附着在作物上的药液，也易被吹拂挥发、震动散落，大大降低防治效果；刮大风时易使药液飘落在施药人员身上，增加中毒机会；刮大风时如果施用除草剂，易使药液飘移，有可能造成药害。应避免在雨天及风力大于 3 级（风速大于 4 米 / 秒）的条件下施药。

（2）应选择适宜时间施药：施药人员如果在气温较高时施药，农药挥发量增加，田间空气中农药浓度上升，加之人体散热时皮肤毛细血管扩张，农药经皮肤和呼吸道吸入量会增加，引起中毒的危险性增加。为避免农药中毒事件的发生，喷雾作业应避免在夏季中午高温（30℃以上）的条件下施药。夏季高温季节喷施农药要在 10 时前和 15 时后进行，对光敏感的农药选择在上午 10 时前或傍晚施用。此外施药人员每天喷药时间一般不应超过 6 小时。

11. 如何正确选择植物生长调节剂的用药时间？

植物生长调节剂也是农药的一种，每种植物生长调节剂的农药标签上都标明了其适宜的作物、施药时期、次数及浓度，使用时间要求严格，必须在适宜的时期使用才能达到预期效果。

一般植物生长调节剂必须在植株生长的关键时期使用。如赤霉酸喷施葡萄果穗能够起到保花保果、促进果粒膨大、增加产量，提高商品性状的效果。一般在开花后 1 周左右用赤霉酸处理果穗，处理时间晚，起不到保果效果，还易造成果实开裂。又如大棚栽培番茄采用 2,4-D 蘸花，既可防止落花、落果，提高坐果率，又可促进果实膨大，增加番茄产量。番茄蘸花的时间应在雌花花瓣完全展开，且伸长到喇叭口状时，用毛笔蘸药液涂到花柄上效果最好。番茄开花前蘸花，易抑制番茄果实的生长，形成僵果；开花后至幼果期使用，会降低保花效果，也易造成幼果开裂。

12. 施药人员应符合哪些要求？

施药人员应符合如下要求：

（1）施药人员应身体健康，经过专业技术培训，具有安全用药及安全操作的知识，具备一定的植保知识。严禁老人、儿童、体弱多病者，以及经期、孕期、哺乳期妇女参与施药用药。

（2）施药人员不得穿短袖上衣和短裤进行施药作业。施药人员施药时需要穿着防护服，厚实的防护服能吸收较多的药雾而不至于很快进入衣服内沾染皮肤。施药人员施药过程中切勿进食、饮水或吸烟。在工作状态严禁旋松或调整任何部件，以免药液突然喷出伤人。施药作业结束后，要用大量清水和肥皂冲洗，换上干净衣服，尽快把防护服洗干净并与日常穿戴衣服分开。

13. 农药常见的施用方法有哪些？

农药常见的施用方法有：喷雾法、喷粉法、撒施法、泼浇法、灌根法、拌种法、种苗浸渍法、毒饵法、涂抹法、熏蒸法等。

14. 如何计算农药和配料的取用量？

要准确计算农药制剂和配料用量，首先要仔细、认真阅读农药标签和说明书。农药制剂取用量要根据其制剂有效成分的百分含量、单位面积的有效成分用量和施药面积来计算。商品农药的标签和说明书中一般均标明了制剂的有效成分含量、单位面积上有效成分用量，有的还标明了制剂用量或稀释倍数。

如果农药标签或说明书上已注有单位面积上的农药制剂用量，可以用下式计算农药制剂用量：

农药制剂用量[毫升（克）]=单位面积农药制剂用量[毫升（克）/亩 [①]]×施药面积（亩）

如果农药标签上只有单位面积上的有效成分用量，其制剂用量可以用下

---

① 1亩 ≈ 667平方米，全书同。

式计算：

$$农药制剂用量 [毫升（克）] = \frac{单位面积有效成分用量 [毫升（克）/亩]}{制剂中有效成分百分含量（\%）} \times 施药面积（亩）$$

如果已知农药制剂要稀释的倍数，可通过下式计算农药制剂用量：

$$农药制剂用量 [毫升（克）] = \frac{要配制的药液量或喷雾器容量[毫升（克）]}{稀释倍数}$$

15. 如何安全、准确配制农药？

安全、准确配制农药，应遵守以下原则：

（1）在开启农药包装、称量配制时，配药人员应戴必要的防护器具，孕妇、哺乳期妇女不能参与配药。

（2）计算出制剂取用量和配料用量后，要严格按照计算的结果量取或称取。农药称量、配制应防止溅洒、散落。液体药要用有刻度的量具，固体药要用秤称取。量取好药和配料后，要在专用的容器里混匀。混匀时，要用工具搅拌。

（3）不能用瓶盖倒药或用饮水桶配药；不能用盛药水桶直接下河取水。由于配制农药时接触的是农药制剂，有些制剂有效成分相当高，引起中毒的危险性大，在配制时一定要注意自身安全。

（4）配制农药应在离住宅区、牲畜栏和水源远的场所进行，药剂随配随用，已配好的应尽可能采取密封措施，开装后余下的农药应封闭在原包装内，不得转移到其他包装中（如喝水用的瓶子或盛食品的包装）。

（5）处理粉剂和可湿性粉剂时要小心，防止粉尘飞扬。如果要倒完整袋可湿性粉剂农药，应将口袋开口处尽量接近水面，站在上风处，让粉尘和飞扬物随风吹走。

（6）喷雾器不要装得太满，以免药液泄漏，当天配好的，当天用完。

（7）配药器械一般要求专用，每次用后要洗净，不得在河流、小溪、井边冲洗。

16. 农药混用应注意哪些问题？

农药混用应注意以下事项：

（1）不应影响有效成分的化学稳定性。农药混用时有时发生化学变化，导致其有效成分分解失效。菊酯类杀虫剂和二硫代氨基酸类杀菌剂在较强碱性条件下会分解，有机磷类和氨基甲酸类农药对碱性也比较敏感。酸性农药与碱性农药混用后会发生酸碱中和反应，从而破坏了其有效成分。

（2）不能破坏药剂的物理性状。两种乳油混用，要求仍具有良好的乳化性、分散性、湿润性、展着性能；两种可湿性粉剂混用，则要求仍具有良好的悬浮率及湿润性、展着性能。如果混配后药液中出现分层、絮结、沉淀等现象，则表明两种农药不能混用。

（3）农药混用要讲究经济效益。除了使用时省工、省时外，混用一般应比单用成本低些。较昂贵的菊酯类农药与有机磷杀虫剂混用、较昂贵的新型内吸性杀菌剂与较便宜的保护性杀菌剂混用，都比单用的成本低。

（4）注意混用药剂的使用范围。混用农药时，要明确农药混用后的使用与其所含各种有效成分单剂的使用范围之间联系与区别。混用农药必须在使用上有自己的特点，这样混用才有效果。

17. 能不能直接将农药混合再稀释？

农药混用不能先混合两种单剂，再用水稀释。一般是用足量水先配好一种单剂药液，再用这种药液稀释另一种单剂，以避免发生不良反应。

18. 微生物农药能否与化学农药混合使用？

这要看情况而定。微生物农药的有效成分一般为活性孢子，所以不能与化学杀菌剂混合使用，如果一起喷施，化学杀菌剂会杀死生物菌剂里的有效成分，降低药效发挥。但是微生物农药可以和多数化学杀虫剂混用。

19. 不同的植物生长调节剂产品能混用吗？

不同植物生长调节剂可以混用，但是应合理混用。只有合理混用才能起到提高药效、避免药害的作用。生产上如要混合使用植物生长调节剂，必须充分了解混用植物生长调节剂的特性和相互作用（促进、互补、拮抗）。例如，萘乙酸诱导的根比较粗短，而吲哚丁酸诱导的根比较细长，两者合理配合使用对扦插生根起到很好的促进和互补作用；细胞分裂素类物质能促进细胞的增多，赤霉酸能拉长膨大细胞，两者混合使用，能起到减少生理落果、保花保果、加速幼果发育的作用。

目前市场上销售的部分植物生长调节剂混合制剂，如多效唑·甲哌鎓混剂为三唑类与季铵盐类植物生长调节剂混用，能抑制赤霉素的生物合成，使细胞的伸长受到抑制，起到了使小麦控旺长、抗倒伏、增加产量的效果。复硝酚钠·萘乙酸混剂可促进植物生长发育和生根，又能促进开花、防止落花落果，改善品质，提高产量，在很多植物上都能使用，适用时期也较长。

需要注意的是在不明确混用效果时，应严禁随意混用，尤其是两者酸碱度差异较大时更不可盲目混用。另外，植物生长调节剂混用后应尽快使用，以免长久放置影响药效。

20. 植物生长调节剂能与其他农药混用吗?

植物生长调节剂与其他农药混用必须在充分了解混用农药之间增效或拮抗作用的基础上决定是否可行。在不明确混用效果时，严禁将植物生长调节剂与其他农药随意混用。

植物生长调节剂与其他农药混用时应注意以下几点：

（1）药剂应现混现用。

（2）药剂混用时，不经过试验不可随意改变其使用浓度。

（3）混用的成分酸碱度差异较大时，不可盲目混用。如矮壮素等偏酸性的植物生长调节剂不能与碱性农药混用。

（4）抑制型植物生长调节剂避免与肥料及促进型农药混用。

（5）植物生长调节剂与除草剂混用时，应考虑不能加重作物药害。

（6）两种药剂使用时期不同，不可混用。

（7）混用成分之间不能产生拮抗作用。

21. 是不是农药的毒性越大药效就越好？

其实毒性和药效是两种不同的概念，分别指不同的对象而言。毒性是指药剂对人畜为害程度；药效是指药剂实际用于防治病虫害的效果。这两者有一定的相关性，既有一致的也有不一致的，不能简单的一概而论。

22. 利用种衣剂拌种要注意哪些事项？

利用种衣剂拌种应注意以下事项：

（1）选择国家定点农药厂生产的种衣剂型号，要购买有农药生产许可证、农药登记证号及标准证书的产品。

（2）运输种衣剂和使用包衣种子时，一定要有防护措施，要戴上口罩和专用手套，严防触及皮肤、眼睛等。如种衣剂溅到皮肤上，应及时用肥皂水冲洗，触及眼睛要用清水冲洗 15 分钟，误入口中，应送医院及时治疗。

（3）种子包衣或播种时不能抽烟、吃东西、徒手擦脸和眼，包衣结束后要立即脱下工作服和防护用具，彻底清洗脸、手后方可饮食，以防中毒。

（4）种衣剂、包衣种子及其器具在贮运中要妥善保管，以防人畜中毒和污染环境。

（5）包衣种子只能用聚丙烯纺织袋或塑料袋包装、运输。袋子用后要妥善处理。

（6）药的浓度要适当。如果浓度过大会抑制植物的生长发育，造成种芽的根部肿胀、变形、扭曲，甚至发生药害。用户需根据当地种衣剂使用说明，严格按着说明书进行拌种，请勿随便改变种衣剂的浓度。

23. 如何做到精准施药？

做到精准施药主要把握两点：一是要严格按照标签说明用药，不随意加大药量；二是要有精准的量具，避免随意估计，模糊用药，尤其是在使用激素类农药时，要严格控制药量。

24. 农药为何要现用现配?

每种农药都有一定的稳定性。稳定性弱的农药如果配好后不用,其中的有效成分就会在光照、高温或低温、久置之下分解,从而影响药效的发挥。

25. 如何正确选购施药器械?

选购施药器械应注意以下几点:

(1)了解作物的栽培及生长情况。

(2)了解防治对象的为害特点、施药方法和要求。

(3)了解防治对象的田间自然条件及所选施药机械的适应性。

(4)了解所选施药机械详细信息,如所选施药机械在作业中的安全性,产品是否经过质量检测部门的检测并且合格,产品有无获得过推广许可证或生产许可证,产品质量是否稳定,售后服务等。

(5)了解打算购买的药械实际使用情况以作参考。

26. 施药器械应满足哪些主要农业技术要求?

根据防治面积、防治对象、防治区域的特点,配备的劳动力、机具使用的难易程度和要求的作业速度等,施药器械应满足下列主要农业技术要求:

(1)应能满足农业、园林花卉、林业等不同种类、不同生态以及不同自然条件下对植物病虫草鼠害等的防治要求。

(2)能满足不同植物、不同生长形态以及不同剂型农药的喷洒要求。

(3)应能将液剂、粉剂、粒剂等各种剂型的农药均匀地分布在施用对象所要求的施药部位上。

(4)使用的农药有较高的附着率、较少飘移损失。

(5)机具应具有较高的生产效率、较好的使用经济性和安全性。

(6)重视生态环境的保护,尽可能减少喷洒农药过程中对土壤、水源、害虫天敌以及环境的污染与损害。

27. 施药器械有哪些类型？

施药器械通常是按喷施农药的剂型种类、用途、动力配套、操作、携带和运载方式等进行分类，主要种类如下：

（1）按施液量多少分类：可分为常量喷雾（＞150升/公顷）、中容量喷雾（50～150升/公顷）、低量喷雾（5～50升/公顷）、超低容量（0.5～5升/公顷）喷雾机具等。低容量及超低容量喷雾机喷雾量少、雾滴细、药液分布均匀、工效高，是目前施药技术的发展趋势。

（2）按施用的农药剂型和用途分类：可分为喷雾机、烟雾机、喷粉机、拌种机、撒粒机和土壤消毒机等。

（3）按配套动力分类：可分为手动施药机具、小型动力喷雾喷粉机、大型悬挂、牵引或自走式施药机具和航空喷洒设备等。

（4）按雾化方式分类：可分为液力式喷雾机、气力式喷雾机、离心式喷雾机、静电喷雾机和热力喷雾机等。

（5）按操作、携带和运载方式等分类：可分为手动喷雾器、小型动力喷雾机具、大型动力喷雾机具等。

28. 自走式喷杆喷雾机根据喷杆形式不同可分为哪些种类？

（1）横喷杆式。这是常用的一种机型，喷杆水平配置，喷头直接装在喷杆下面。

（2）吊杆式。在横喷杆下面平行地垂吊着若干根喷雾杆。作业时横喷杆和竖喷杆上的喷头对作物形成门字形喷洒，使作物的叶面、叶背都能较均匀地被雾滴覆盖。

（3）气流辅助式。这是一种新型喷雾机，在喷杆上装有一条气袋，气袋下面对着每个喷头的位置开有一排出气孔。作业时由风机往气袋里供气，利用风机产生的强大气流，经风袋下方的小孔产生下压气流，将喷头喷出的雾滴带入株冠丛中，提高了雾滴在作物各个部位的附着量，增强了雾滴的穿透性，使其可穿入浓密的作物中。作业时喷雾装置还可根据需要调整前后角度，大大降低了飘移污染。

29. 喷杆喷雾器喷雾作业结束后应如何保养?

每班次作业后,应在田间用清水仔细清洗药液箱、过滤器、喷头、液泵、管路等部件。清洗方法:

(1)药液箱中加入少量清水,启动机具并喷完,反复1~2次。

(2)下一个班次如更换药剂或作物,应注意两种药剂是否会产生化学反应而影响药效或对另一种作物产生伤害。此时,可用浓碱水反复清洗多次,也可用大量清水冲洗后,用0.2%苏打水或0.1%活性炭悬浮液浸泡后再用清水冲洗。

(3)泵的保养按使用说明书的要求进行。

(4)当防治季节过后,机具长期存放时,应彻底清洗机具并严格清除泵内管道内的积水,防止冬季冻坏机件。拆下喷头清洗干净并用专用工具保存好,同时将喷杆上的喷头座孔封好,以防杂物、小虫进入。

(5)喷杆喷雾机应将轮胎充足气,并用垫木将轮子架空。

(6)将机具放在干燥通风的机库内,避免露天存放或与农药、酸、碱等腐蚀性物质放在一起。

30. 热烟雾机可以分为哪些种类?

热烟雾机是利用内燃机排气管排出的废气热能使农药形成烟雾微粒的烟雾发生机。热烟雾机按照移动方式可分为手提式、肩挂式、背负式、手推式等多种;按照工作原理可分为脉冲式、废气舍热式、增压燃烧式等形式。目前常见的是脉冲式烟雾机。

31. 热烟雾机可以在哪些时间使用?

选择热烟雾机的使用时间应注意以下事项:

(1)热烟雾机的使用应避免晴天中午的高温时段。在晴天中午因日照的关系,植物叶片的温度高于周围空气的温度,会导致烟雾颗粒的"热致迁移"效应,农药微粒不能很好地沉积在植物叶片上。

(2)热烟雾机最好在傍晚前后使用,使用后关闭棚室,让农药烟雾颗粒在棚室内充分飘散运动，均匀地沉积在植物各个部位。

（3）热烟雾机在阴雨天可以全天使用。

（4）因热烟雾机是一种空间处理技术，适合温室作物中后期病虫害防治，不适合作物苗期使用。

32. 热烟雾机使用时应注意哪些事项?

使用热烟雾机应注意以下事项：

（1）在作业结束、加药或中途需要停机时，一定要先关掉药液开关，等到烟雾机没有烟雾喷出时方可将发动机熄灭。

（2）作业季节结束后，应放净燃油箱的燃油及药液箱内的剩余药液，将烟雾机保养后存放在阴凉、干燥的场所。

（3）当温室内温度较高或有明火时，切不可进行烟雾作业。

（4）温室大棚使用热烟雾机时，应避免喷头直接对准植物叶片喷雾，采用对空放烟雾的方式。一是因为热烟雾机喷出的烟雾温度较高，烟雾机出口的温度可达 60℃以上，如果作物叶片距烟雾机出口非常近，就有可能造成叶片灼伤；二是有机溶剂配制的烟雾剂，有机溶剂过量时也会造成植物药害。

（5）采用热烟雾机时，操作人员应由内向外移动；也可以把烟雾机放置在门口，朝向室内喷射烟雾。

33. 如何正确使用喷雾器喷施农药?

（1）喷施农药前，施药人员应仔细检查喷雾器的开关、接头、喷头等处是否拧紧，药桶有无滴漏，以免漏出药液毒害人体、污染环境、产生药害。

（2）喷施农药过程中，发生喷头堵塞、接头处滴漏等故障，应先用清水冲洗喷头、接头等处后，再予以排除。禁止用嘴吹喷头或滤网，也不能用金属物体捅喷头孔。

（3）清洗。喷雾器停用后，要把药液桶、胶管、喷杆等部件的外表擦洗干净。多数农药对喷雾器都有一定的腐蚀作用，尤其波尔多液腐蚀性很强。喷雾器停用后用清水冲洗干净并特别注意清除打气筒上的油垢和药液桶底凹部的泥土。

（4）认真检查、保养喷雾器各个部件。要在螺丝固定的部位或者经常受到磨损的地方涂上甘油。要及时修配好损坏的部件，以便下次使用。要把喷雾器放在干燥通风的仓房，不可放在阴暗潮湿的角落里，更不要露天存放。

34. 为什么要淘汰"跑、冒、滴、漏"旧型喷雾器？

旧型喷雾器大都是多年前一些乡村级的小型加工厂生产的小型喷雾器，使用过程中存在严重的"跑、冒、滴、漏"现象。使用旧型喷雾器容易造成以下为害：

（1）旧型喷雾器喷头单一，雾化效果差，喷雾时容易造成药液大量流失，导致防治效果差，用药成本增加；雾化效果差也容易导致个别被喷施过农药的作物农药残留过高，给农产品质量安全带来隐患。

（2）使用旧型喷雾器喷洒时容易造成农药飘移，给不需要施药的农作物造成损失。

（3）旧型喷雾器质量低劣，使用寿命短。

（4）旧型喷雾器对使用者存在安全隐患，威胁到人身安全。

35. 什么是定向喷雾？

把喷头对着靶标直接喷雾就是定向喷雾，也称为针对性喷雾。此法喷出的雾流朝着预定的方向运动，雾滴能较准确的落在靶标上，较少散落或飘移到空中或其他非靶标上。

36. 什么是精准施药技术？

精准施药技术是在研究田间病虫草害相关因子差异性的基础上，获取农田小区病虫害存在的空间和时间差异性信息，将农药使用技术与地理信息系统、定位系统、传感器、计算机控制器、决策支持系统、变量喷头等装置

精准施药

进行有效结合，实现仅对病虫草害为害区域进行按需定位喷雾的施药方法。该技术实现了固定区域的定量施药作业，可以随各区域受害程度及其环境情况不同适当调整农药施用量，避免农药的浪费和环境的污染，具有较好的应用前景。

37. 什么是防飘喷雾施药技术？

防飘喷雾施药技术是采用新型雾化方式和改变喷雾流向的方法，利用防飘装置产生的特定轨迹的流向胁迫极易飘失的细小雾滴定向沉积，从而提高农药雾滴在作物上附着率的施药技术。主要有罩盖和导流挡板两种防飘喷雾技术。

（1）罩盖防飘喷雾技术：分为两种。气力式罩盖喷雾是通过外加风机产生的气流改变雾滴的运动轨迹，如风帘、风幕、气囊等装置；机械式罩盖喷雾是通过外加罩盖装置，改变雾滴运动轨迹。

（2）导流挡板防飘喷雾技术：在喷头的上风向处安装倾斜的挡板，改变雾滴流向；同时，在作业时挡板可以拨开冠层，使雾滴能更好地穿透，到达靶标的中下部。

目前，防飘喷雾施药技术主要应用在大田作物病虫害防治。

38. 如何减少用药量及施药次数？

减少农药用量及施药次数，可以采取以下措施：

（1）把握病虫防治关键时期。在关键防治时期用药，会起到事半功倍的作用。比如防治夜蛾科害虫掌握在幼虫 3 龄以前用药，可提高防控效果。

（2）在温湿度适宜的条件下用药，避免在刮大风、下大雨时施药。

（3）选择合适的药械，尽量做到均匀喷施。

39. 作物全生育期为何要控制同成分农药的用药次数？

作物全生育期，如不控制同种农药的用药次数，会引起如下不良影响：

（1）容易产生抗药性。

（2）容易引起农药残留超标。

40.除草剂进行土壤封闭时要注意哪些事项?

使用除草剂进行土壤封闭时,要注意以下事项:

(1)除草剂进行土壤封闭时必须选择浇水或降水后土壤湿度较大时进行。干旱土壤墒情较差情况下防除杂草效果不理想,因此在干旱条件下要提前浇好"封闭"水,使田间墒情较好。

(2)作物刚露头时不宜使用,在制种田、沙性土壤地块也不宜使用。

(3)施药后24小时内遇到大雨,应及时补喷。

(4)喷药后及时清洗喷雾器。

(5)喷药后1周内不得从事农事活动,防止破坏除草剂药层。

41. 使用灭生性除草剂要注意什么?

灭生性除草剂是一种非选择性除草剂,它对杂草和作物均有伤害作用。其特点是见绿杀绿,杀草速度快,2～3小时见效,3～4天内死亡,杀草不除根,药剂落到土壤上快速分解。所以使用灭生性除草剂时要注意以下几点:

(1)在矮秆作物上施用要加防护罩,压低喷头,避免药液飘移。

(2)对水时一定要用清水。

(3)不能与碱性农药混用。

(4)用完后清洗干净喷雾器。

42. 喷施2,4-D 丁酯时要注意什么?

2,4-D 丁酯主要用于小麦田防治阔叶杂草,是一种活性很强的除草剂。西瓜、棉花等阔叶作物对2,4-D 丁酯非常敏感,稍有不慎就会造成药害事件的发生。因此喷施2,4-D 丁酯的喷雾器要单独保管,即使清洗干净也不能再用于阔叶作物上的病虫草害防治,以免造成药害。在施用过程中要选择无风或微风天气,压低喷头,加装防护罩,避免飘移到西瓜等周围敏感作物上造成药害。

43. 在蔬菜田使用除草剂要注意什么?

在蔬菜田使用除草剂要注意以下事项:

(1)苗前用药:蔬菜田化学除草,多采用土壤处理。

(2)均匀喷药:喷施时要经常摇动,保证均匀喷药,否则下层药液浓度过高,容易引起药害。

(3)设施栽培减量用药:保护地等设施栽培的土壤温度高、湿度大、药效高,所以用药量应较露地蔬菜田减少 20% ~ 30%,以免蔬菜发生药害。

(4)土壤湿润:在施用除草剂的过程中,要求地面平整、土粒细碎、湿润,这样不但可以保证施药均匀,而且可以给杂草萌发创造有利条件,使杂草萌发一致,从而达到一次用药杀死大部分杂草的目的,提高除草效果。

(5)选用持效期短的除草剂:根据不同的蔬菜品种和生长期的长短,原则上应选用持效期适宜且短的除草剂为好,以减少除草剂残留污染的时间,确保食用安全。

44. 对后茬作物有较大影响的长残效除草剂有哪些?

长残效除草剂的特点是除草效果好,杀草谱宽,用药量少,使用方便,用药成本低。其缺点是在土壤中残留时间长,一般可达 2 ~ 3 年,长的可达 4 年以上,在连作或轮作农田中极易造成对后茬作物的药害,减产,甚至绝产。常见长残效除草剂有莠去津、氯嘧磺隆、氯磺隆、甲磺隆、咪草烟、氟磺胺草醚等。

45. 使用植物生长调节剂应注意哪些问题?

使用植物生长调节剂应注意以下事项:

(1)注意不能以药代肥:植物生长调节剂不能代替肥水及其他农业措施,即使是促进型的调节剂,也必须以充足的肥水条件才能发挥其作用。

(2)不要随便改变浓度:农作物对植物生长调节剂的浓度要求比较严格,浓度过大,会造成农作物叶片增肥变脆,出现叶片畸形、干枯脱落,甚至全株死亡;浓度过小,则达不到应有的效果。

（3）注意适时使用：要根据所使用植物生长调节剂种类、气候条件、药效持续时间和栽培需要，选择最佳使用时机，以免造成不必要的投入。

（4）不要随意混用：必须在充分了解混用农药之间的增强或抵抗作用的基础上，才能决定几种植物生长调节剂混用或与其他农药混用是否可行，千万不要随意混用。

46. 植物生长调节剂的施药方式有哪些?

植物生长调节剂的使用方法较复杂，应根据其作用特点选择适宜的施药方式，如茎叶喷雾、浸幼果、拌种、熏蒸等。施药方式正确，既能使植物生长调节剂起到好的调节效果、节省药剂，也有利于防止作物产生药害。目前，植物生长调节剂主要使用方式如下表。

表　植物生长调节剂主要使用方法

施药方式	调节目的举例	施药器械	注意事项
茎叶喷雾	粮食作物、叶菜类蔬菜增产	喷雾器	配置圆锥喷头，均匀喷施叶片正反面
	植株矮化	喷雾器	配置圆锥喷头，均匀喷施叶片正反面
	棉花脱叶	喷雾器	配置圆锥喷头，均匀喷施叶片正反面
浸（喷）瓜胎	水果、茄果类蔬菜提高坐果率	喷雾器或盛药器皿	根据药剂特性，在幼果适当大小时浸蘸（喷雾）
浸泡枝条	插条生根	盛药器皿	仅使生根部位着药
	鲜切花保鲜	盛药器皿	将鲜花枝条基部插入浸泡药液
定向喷果	改善果形、着色	喷雾器	配置圆锥喷头，在果实生长适宜阶段均匀喷施果实
	果实催熟	喷雾器	果实采后均匀喷雾
浸种或拌种	提高种子发芽率	盛药器皿	使种子均匀着药
抹芽、涂芽眼或幼芽	葡萄打破休眠	盛药器皿、毛刷	使芽眼均匀着药
	烟草抑芽	盛药器皿、毛刷	使幼芽均匀着药
熏蒸	马铃薯抑芽	热雾机	将作物置于有熏蒸剂的空间、密闭熏蒸
	水果保鲜	药剂自然挥发	将作物置于有熏蒸剂的空间、密闭熏蒸

47. 哪些植物生长调节剂可以促进作物的茎叶生长?

促进茎叶生长的植物生长调节剂主要有赤霉酸、苄氨基嘌呤、羟烯腺嘌呤、烯腺嘌呤、芸薹素内脂、胺鲜酯。另外,复硝酚钠(钾)、三十烷醇在一定程度上也能促进作物的茎叶生长。

48. 哪些植物生长调节剂可以诱导作物抗逆性?

能诱导作物抗逆性的植物生长调节剂主要有芸薹素内脂、复硝酚钠、吲哚乙(丁)酸、萘乙酸、S-诱抗素、超敏蛋白等。这些产品使用后,能诱发植物的抗逆潜能,达到抗旱、抗寒、抗病等目的。例如,小麦苗期、扬花期和齐穗期,喷施芸薹素内脂,可提高小麦抗逆能力,增加产量。在大豆幼苗期、初花期用芸薹素内脂叶面喷雾,可提高抗逆性。另外,矮壮素、多效唑、烯效唑等植株矮化剂及氯吡脲也有一定的提高抗逆性作用。

49. 哪些植物生长调节剂可以防止倒伏?

矮壮素、多效唑、烯效唑、调环酸钙、甲哌嗡、氟节胺、抗倒酯等生长延缓剂能抑制植物亚顶端分生组织,可抑制节间伸长而不抑制顶芽生长,有控制植物株高、缩短节间、增加茎粗,起到防止植物倒伏、调节株型的作用。

50. 哪些植物生长调节剂可以促进或抑制发芽?

能促进植物发芽的植物生长调节剂主要有赤霉酸、吲哚丁酸、萘乙酸、苄氨基嘌呤、单氰胺等,抑制植物发芽的植物生长调节剂主要有氯苯胺灵、抑芽丹、仲丁灵、二甲戊灵、氟节胺等。

51. 哪些植物生长调节剂可以促进坐果或疏果?

常见可以促进坐果或疏果的植物生长调节剂主要有萘乙酸、2,4-D钠盐、赤霉酸、氯吡脲、复硝酸钠、三十烷醇等。这些植物生长调节剂在使用时需按照农药标签的要求,严格控制施药时期、施药浓度和选择适宜作物及品种。否则起不到坐果与保果作用,反而可能会造成减产。

52. 水果、蔬菜需要使用植物生长调节剂吗?

不是所有的蔬菜、水果都需要使用植物生长调节剂。根据作物的生长发育、器官形成及采后贮藏运输的需求,可将蔬菜、水果分为需要使用植物生长调节剂的和可不使用植物生长调节剂的两种类型。

53. 在结球生菜上怎样使用赤霉素?

在生菜结球拳头大小时,把 1 克赤霉素粉剂分成 6 份,用酒精溶解后 1 份对水 15 千克均匀喷雾,可增产 10% 以上,并可提早成熟 1 周。注意结球不平均地块不要使用。

54. 叶面肥等水溶肥料中能随意添加植物生长调节剂吗?

不可以。肥料和植物生长调节剂的作用机制不同,植物生长调节剂对植物有调节作用,调节作用是双向的,既可以是促进作用,也可以是抑制作用,而肥料对植物主要是促进作用,是单向的。水溶性肥料随意添加植物生长调节剂,一方面,可能造成有效成分之间的相互作用,降低药效或加重药害;另一方面,植物生长调节剂与肥料一起使用,其浓度很低,起不到应有作用,如果加大用量,会造成肥料浪费;而且使用方法和时间若不合适,不仅效果差,甚至产生相反效果或药害等问题。

农业部规定,水溶肥料生产企业在申请肥料登记时,应书面承诺申请登记的水溶肥料产品没有添加植物生长调节剂等农药成分;禁止在水溶肥料标签上标注具有植物生长调节剂等农药功效、夸大宣传产品功能等内容。对发现违规的,按照《农药管理条例》和《肥料登记管理办法》的有关规定,对生产企业和经营者严肃查处。

55. 喷施活孢子生物制剂要注意什么?

喷施活孢子生物制剂要注意水的温度、环境温度和湿度,以及用药前后化学杀菌剂使用的间隔期等因素。温湿度不合适,会影响孢子活性,抑制其萌发;喷施时间离化学杀菌剂间隔太近,化学药剂会杀灭活性孢子。

56. 冬小麦中后期"一喷三防"指的是什么?

冬小麦中后期"一喷三防"是指将杀虫剂、杀菌剂及叶面肥等混合后对水进行喷雾,该技术可通过一次施药达到防治病害、防治虫害、防早衰等多重目的,是一项经济有效的实用技术。

根据华北地区冬季、春季干旱少雨、温度略偏高的气候特征,"一喷三防"着重以防白粉病、麦穗蚜及防止干热风为主。当小麦抽穗至灌浆期,当小麦孕穗期至抽穗期,白粉病病株率达 20% 或病情指数达 10 以上,百株蚜量达500 头以上,小麦就可以实施小麦"一喷三防"技术。

57. 冬小麦中后期"一喷三防"有哪几种配方?

冬小麦中后期"一喷三防"有以下 3 种配方:

(1)亩用 15% 三唑酮可湿性粉剂 50 ~ 70 克 +10% 吡虫啉可湿性粉剂 20 ~ 30 克 + 磷酸二氢钾 100 克。

(2)亩用 15% 三唑酮可湿性粉剂 50 ~ 70 克 +10% 吡虫啉可湿性粉剂 20 克 +80% 敌敌畏乳油 50 毫升 + 磷酸二氢钾 100 克。

(3)亩用 30% 己唑醇悬浮剂 5 克 +10% 吡虫啉可湿性粉剂 20 ~ 30 克 + 天达 2116 叶面肥 50 克。

58. 农作物药害症状有哪些?

受药害的作物,按症状不同可分为急性药害、慢性药害和残留药害 3 种。

(1)急性药害症状:急性药害发生很快,一般在施药后 2 ~ 5 天就会出现,表现为:烧伤、凋萎、落叶、落花、落果、卷叶畸形、幼嫩组织枯焦、失绿变色或黄化、矮化、发芽率下降、发根不良等。

(2)慢性药害症状:农药施用后药害不马上出现,症状不明显,主要是影响农作物的生理活动。大多数表现为光合作用减弱、生长发育缓慢、延迟结果、着花减少、颗粒不饱满、果实变小畸形、产量降低或质量变差、色泽恶化等。鉴别慢性药害一般应与健康作物进行比较。

(3)残留药害症状:是由残留在土壤中的农药或其分解产物引起的。这一类的药害，主要是因为有些农药残留期较长，影响了下茬作物的生长。

59. 农作物产生药害主要原因有哪些？

农作物产生药害主要由于以下几方面原因：

（1）产品质量存在问题。包括在农药中添加国家禁用农药、未登记农药成分、农药有效成分含量或主要技术控制项目不合格，或农药产品中混有有害杂质等。

（2）未按规定使用农药。如将灭生性除草剂用于农作物，或将农药施用于敏感作物上等；此外，擅自加大药量或重复施药、农药使用中飘移、喷雾器未清洗干净都可以导致药害的发生。

（3）气候环境影响。如果农药使用过程中未考虑气温、土壤水分、农作物生长状态等因素，就有可能发生药害。

（4）农药标签不规范。少数农药生产企业擅自扩大农药使用范围，在未经试验、示范的情况下大规模使用容易造成作物药害的发生。

（5）残留期长的除草剂容易造成下茬作物药害。

60. 有哪些原因可以导致除草剂发生药害？

任何作物对除草剂都不具有绝对的耐性或抗性，而所有除草剂品种对作物与杂草的选择性也都是相对性的，在具备一定的环境条件下与正确的使用技术时，才能显现出选择性而不伤害作物。在除草剂大面积使用中，作物产生药害的原因多种多样，其中有的是可以避免的，有的则是难以避免的。

（1）挥发与飘移：高挥发性除草剂（如 2,4-D 丁酯）在喷洒过程中，小于 100 微米的药液雾滴极易挥发与飘移，致使邻近的敏感作物及树木受害。而且喷雾器压力愈大，雾滴愈细，愈容易飘移。

（2）土壤残留：有些除草剂在土壤中持效期长、残留时间久。这些除草剂易对轮作中敏感的后茬作物造成伤害，如玉米田施用莠去津，对后茬大豆、甜菜、小麦等作物有药害；大豆田施用甲氧咪草烟、氟乐灵，对后茬小麦、玉米有药害；小麦田施用氯磺隆，对后茬玉米、黄豆等作物有药害。

（3）混用不当：不同除草剂品种间以及除草剂与杀虫剂、杀菌剂等其他农药混用不当，也易造成药害。此类药害，往往是由于混用后产生的加成效应或干扰与抑制作物体内对除草剂的解毒系统所造成的。

（4）用药时期掌握不当：如在小麦 3 叶前或拔节后使用 2,4-D 丁酯，小麦容易出现药害；在玉米 5 叶期后使用烟嘧磺隆药害风险加大，等等。

（5）用药量不当：除草剂应严格用量，药量少了，除草效果受到影响，药量大了容易出现药害。所以，当除草剂使用前应向植保技术人员或厂家技术人员咨询，确认无误后再使用，不要随意增加或减少用量。

（6）药械性能不良或作业不标准：如多喷头喷雾器喷嘴流量不一致、喷雾不均匀、喷幅连接带重叠、喷嘴后滴等，造成局部喷液量过多，使作物受害。

（7）误用：过量使用、使用时期不当或使用的除草剂品种不对都易产生药害，如在小麦拔节后使用百草枯或 2,4-D 丁酯，往往会造成严重药害。

（8）除草剂降解产生有毒物质。

（9）异常不良的环境条件（高温、低温、光照、土壤环境等）也可诱发药害发生。

（10）人为破坏。

61. 植物生长调节剂会产生药害吗？

植物生长调节剂使用不当会产生药害。一般超量使用植物生长调节剂极易对作物造成药害，在不合适的时机或不利的环境条件下用药有时也会导致作物药害，此外，在没有登记的作物上使用，也极易产生药害。因此，植物生长调节剂的使用必须严格遵循产品说明书规定的登记作物、生长时期和使用方法施用，尤其不要擅自扩大使用范围。

植物生长调节剂因种类和作用方式不同，产生的药害症状也是千差万别。常见的症状有根茎尖端膨大、新叶卷曲畸形、根茎叶生长停滞、果实畸形或裂果、落花落果等，重者影响作物产量、营养品质及口感风味。如缩节胺等使用不当，就会造成矮化；膨大剂使用不当，会造成果实品质下降，贮存期或货架期缩短。

62. 如何避免发生药害?

注意以下事项有助于避免药害发生:

(1) 坚持先试验后推广应用。

(2) 严格掌握农药使用技术。合理选用农药、称准农药剂量、配准农药浓度、掌握好施药时期、采用恰当的施药方法。

(3) 喷雾器专用。用过后彻底清洗喷雾器。

(4) 对某些蔬菜敏感的药剂要记清楚。

63. 农作物发生药害初期应怎样补救?

农作物发生药害初期,可采取如下方式进行补救:

(1) 喷水淋洗。药害发生初期应喷洒清水 2 ~ 3 次,尽量把植株表面上的药物洗涮掉。同时由于大量用清水淋洗,使植物吸收水分较多,可以对作物体内的药剂浓度起到一定的稀释作用,从而在一定程度上起到减轻药害的作用。

(2) 施肥补救。对于产生叶面药斑、叶缘枯黄或植株黄化等症状的药害,应迅速追施速效肥料增加养分,加速作物恢复能力。

(3) 喷药补救。针对导致发生药害的药剂,喷施能缓解药害的药剂。如喷洒植物细胞分裂素,可一定程度缓解因喷洒抑制或干扰植株生长的除草剂而产生的药害。

64. 抗药性产生的原因有哪些?

产生抗药性主要有以下两方面原因:

(1) 有害生物方面。当受到一定剂量农药作用后有害生物有的死亡,其中不敏感的个体则存活下来并繁殖后代。当农药施用剂量增加后,大多数不敏感的个体又致死,存活下来的就是很不敏感的个体,并繁殖后代,这样的后代抗药剂就更强了。留下的抗药性后代产生的抗性可能是天生的,也可能是后天的,这些个体就繁殖了强抗药性的新种群。

(2) 农药使用技术方面。农药的使用剂量和浓度增加,直接影响抗药性增强；农药的剂型不适合，会降低药效，易使个体诱发产生抗药性；农药在菜上沉积、分布状况不均匀也会产生抗药性。

65. 如何有效避免或延缓病虫抗药性产生？

有效避免或延缓病虫产生抗药性应从以下几方面入手：

（1）实行综合防治，减少化学防治次数。改善农业生态环境，保护利用天敌生物；加强虫情预测预报，适时防治。把农业技术措施、化学防治和生物防治有机地结合起来，改变单纯依赖化学农药防治的作法。

（2）改换农药品种。害虫已经对某种农药产生了抗性，如果继续使用，不仅防治效果降低，加大用量提高防治成本，还会使害虫的抗药性进一步增强，而且会延误防治时机，造成更大的损失。这时最好的方法是停用原用农药，改换农药品种。改换的农药品种和原用的农药品种的作用机制必须有所不同，没有交互抗性。改换农药品种是克服抗药性的一个有效办法，但不能从根本上解决问题。改换后的农药品种连续单一使用也会使害虫产生抗药性，因此必须注意适时更换农药品种。

（3）农药的交替使用。在一个季节或一两年内使用一种或一类农药，然后再换用另一种或另一类杀虫（病）原理不同，没有交互抗性的农药。这样，两种（类）或两种（类）以上的农药轮换使用，就克服了单一、连续使用容易产生抗性的弊病。

（4）农药的混合使用。把两种或两种以上有不同杀虫（病）原理的农药混合使用，或再加入少量增效剂，既能提高农药的防治效果，又能克服或延缓抗药性的产生。

66. 使用杀螨剂时应如何防止害螨产生抗药性？

防止害螨对杀虫剂产生抗药性应采取以下措施：

（1）选用对螨的各个生育期都有效的杀螨剂。成螨、若螨和卵往往同时存在，而卵的数量大大超过成螨，选择无杀卵作用的杀螨剂，害螨数量短时虽有下降，但不久群体数量又会回升，需再次施药。一种药剂连续多次使用，宜诱发害螨产生抗药性。

（2）选在害螨对药剂最敏感的生育期施药。

（3）选在害螨发生初期，种群数量不多时施药，以延长药剂对螨的控制时间，减少使用次数。一般持效期长的杀螨剂品种，1年内尽可能使用1次。

（4）防治时不可随意提高用药量或药液浓度，以保持害螨种群中较多的敏感个体，延缓抗药性的产生和发展。

（5）不同杀螨机制的杀螨剂轮换或混合使用。

67. 造成农药生产性中毒的主要原因有哪些?

农药生产性中毒主要由以下原因造成：

（1）配药不小心，药液污染手部皮肤，又没有及时清洗；下风配药或施药，吸入农药过多。

（2）施药方法不正确，如人向前行左右喷药，打湿衣裤；几架药械同时喷药，未按梯形前进和下风侧先行，引起相互影响，造成污染。

（3）不注意个人防护，如不穿长袖衣、长裤、胶靴，赤足露背喷药；配药、拌种时不戴橡皮手套、防毒口罩和护目镜等。

（4）喷雾器漏药，或在发生故障时徒手修理，甚至用嘴吹堵在喷头里的杂物，造成农药污染皮肤或经口腔进入人体内。

（5）连续施药时间长，经皮肤和呼吸道进入的药量过多；或安排劳力不当，在施药后不久的田内劳动。

（6）喷药后未洗手、洗脸就吃东西、喝水、吸烟等。

（7）施药人员不符合要求。

（8）在科研、生产、运输和销售过程中因意外事故或防护不严而发生中毒。

68. 施药人员农药中毒后需要怎样处理?

施药人员农药中毒应遵循以下原则处理：

（1）农药溅到皮肤上，应及时用大量清水冲洗，更换污染物。如溅到眼里，至少用清水冲洗10分钟。

（2）出现头痛、恶心、呕吐等中毒症状，应立即停止施药，保持冷静，离开现场转移至通风良好的地方，脱掉防护用品，用肥皂水冲洗污染部位，必要时携带农药标签就医。

（3）如果当事人已经昏迷，旁人要协助急救。将病人侧卧，头向后，拉直舌头，使呕吐物顺利排出，保存农药标签并及时电话联系医院急救。当事人恢复后数周内不能使用农药，以防发生更严重的症状。

中毒咨询电话：010-83132345（中国疾病预防控制中心职业病卫生与中毒控制所24小时服务电话）；急救热线：所在地的120。

69. 造成农药非生产性中毒的主要原因有哪些？

在日常生活中接触农药而发生的中毒叫非生产性中毒，造成非生产性中毒的主要原因包括：

（1）乱用农药。如用高毒农药灭虱、灭蚊等。

（2）没有妥善保管农药。如把农药与粮食混放，吃了被农药污染的粮食容易中毒。

（3）用农药空瓶装油、酒或用农药包装品装食物等。

（4）食用近期施药的瓜果蔬菜、拌过农药的种子或农药毒死的畜禽、鱼虾等。

（5）施药后田水遗漏或清洗药械，污染了饮用水源。

（6）有意投毒或因寻短见服农药自杀等。

70. 怎样处理未用完的农药？

未用完的农药须遵循以下原则处理：

（1）对没有用完的农药一定要单独放在闲置的房间里，并加锁保管好，远离儿童，切勿随心所欲地丢在一边。特别是不可与食物放在一起，因为如果瓶盖拧得不紧，有些液体农药极易挥发，会污染食物，引发食物中毒事件。

（2）防止农药混放，防止药、肥混放。农药有的为碱性，有的为酸性，二者不宜放在一起。有的农民朋友把没用完的几种农药倒在一个瓶内，如果是性质不同的农药就会起化学反应，变质失去原来的药效。农药不要和碳铵放在一起，因为碳铵受热后起化学反应成为氢氧化铵，一遇农药，就会导致农药失效。存放农药还要把瓶子的盖盖好拧紧，妥善存放。

（3）农药不得受潮和暴晒。农药应放在通风干燥的地方，液体农药受潮后，易成固体沉淀失效，粉剂状农药逐渐形成块而变质。农药也不可在阳光下暴晒，暴晒后可能引起爆炸。

（4）对用不完的农药，一定要注意保质期，到保质期的不宜再存放。

71. 我国目前禁止使用的杀鼠剂有哪些？

我国目前已禁止使用的杀鼠剂有氟乙酰胺、氟乙酸钠、毒鼠强、甘氟和灭鼠硅。

72. 我国允许使用的杀鼠剂有哪些？

目前我国批准登记允许使用的杀鼠剂中磷化锌为急性杀鼠剂；杀鼠灵、氟鼠灵、杀鼠醚、敌鼠钠盐、溴敌隆、溴鼠灵6种抗凝血杀鼠剂为慢性杀鼠剂；生物型杀鼠剂C型肉毒梭菌毒素和D型肉毒梭菌毒素介于急性与慢性之间。

73. 如何做好科学灭鼠工作？

老鼠在自然界生存中生物习性最狡猾。一般在取食时先由低等鼠（体弱鼠）试吃，确认没有危险后高等鼠（大部分鼠）才开始取食。在灭鼠工作中人们往往有急于求成的心里，不顾鼠类的生物习性和家畜、人身的安全，人为选用剧毒鼠药。当低等鼠（体弱鼠）吃后马上死去，这就警告了大部分鼠不吃药饵，从而造成杀鼠效率低。此外，使用剧毒鼠药，当死鼠被家畜、猫、狗吃后也会产生二次中毒现象。因此，高效、安全、适口性好、无二次中毒的抗凝血杀鼠剂（溴敌隆等）便成为当前灭鼠的首选杀鼠剂。需要灭鼠的朋友，在购买鼠药时一定要到有经营杀鼠剂农药资格的农药经营部门去购买，在购买时要仔细阅读使用说明并认准是否属于国家批准使用的鼠药。切不可购买集贸市场上摊贩销售的鼠药，更不能购买国家明令禁止生产、销售和使用的剧毒鼠药。

科学灭鼠

74. 什么是 TBS 灭鼠技术?

TBS 灭鼠技术即围栏捕鼠系统,通过设置在围栏下的捕鼠桶捕获害鼠,它是一种纯物理灭鼠方式,可起到持续控鼠的作用,适用于不同环境农田。TBS 灭鼠可采用封闭式围栏和篱壁式两种方式,北京市目前主要采用篱壁式布放方式。在地边设置篱壁式金属围栏(孔径小于 1 厘米),围栏地上部分 45 厘米,埋入地下部分 15 厘米,间隔 5 米埋设 1 个捕鼠桶,捕鼠桶上方围栏剪宽约 5 厘米孔。捕鼠桶内的害鼠要及时清理,以免影响捕鼠效果。

75. 什么是毒饵站灭鼠技术?

毒饵站灭鼠技术是将毒饵投放在有开口的容器中,防止非靶标动物误食的一种安全灭鼠技术。毒饵站灭鼠具有安全、高效、持久、环保、经济五大优点,适于北京市农区所有环境应用。具体的投放方法如下。

白地、露地、菜田:采用药带式布放方式,即沿地边、沟渠顺向布放毒饵站,毒饵站间隔 20 米,每个毒饵站投饵 10 ～ 15 克,相邻药带间隔 30 米。

麦田：采用环状药带布放方式，沿地边 10 米、30 米呈分别进行环状布放，毒饵站间隔 20 米，每个毒饵站投饵 10 ～ 15 克。

林地、果园：采用环状药带布放方式，沿林地、果园周边环状布放毒饵站，毒饵站间隔 20 米，每个毒饵站投饵 10 ～ 15 克。

山区、坡地：采用药带式布放方式，即每个沿坡坎底边顺向布放毒饵站，每个毒饵站投饵 10 ～ 15 克，毒饵站间隔 20 米。

设施保护地：封闭园区采用环状和平行条带式相结合的布放方法。设施区采用平行条带布放方式，即沿设施后墙墙根带状布放毒饵站。办公区的厨房、厕所、库房采用环状布放毒饵站，沿厨房、厕所、库房内外墙根各布放一圈毒饵站，园区四边内沿墙根环状布放毒饵站，毒饵站间隔 10 ～ 20 米，每个毒饵站投饵 10 ～ 15 克；开放式园区采用平行条带式布放方式，即沿设施两个长边外缘各布放两排毒饵站，间隔 10 ～ 20 米，每个毒饵站投饵 10 ～ 15 克。

76. 什么是减量控鼠技术?

减量控鼠技术是在保证防效的前提下，依据鼠害发生实际，通过改变投饵方式、增加毒饵间距和单堆投饵量以适当下调亩投饵量灭鼠技术，适用于低密度下药物灭鼠方式。减量控鼠技术的投饵方式是从均匀条带式投饵改变成现在的重点区域投饵，每亩投饵量已从原来 100 ～ 150 克小调到 25 ～ 50 克，减少了不必要的浪费和环境污染。具体的投放方法如下。

白地、露地菜田：采用药带式投饵法，即沿沟渠两侧顺向按 5 米间隔成堆布放毒饵，每堆投饵 2 ～ 4 克。

麦田：采用环状药带投饵法，沿地边 10 米、30 米布放 2 条环状药带，堆距 5 米，每堆投饵 2 ～ 4 克。

林地、果园：采用环状药带投饵法，沿林地、果园周边布放一条环状药带，堆距 5 米，每堆投饵 2 ～ 4 克。

山区坡地：采用药带投饵法，即沿每个坡坎底边投放一条药带，堆距 5 米，每堆投饵 2 ～ 4 克。

设施保护地：封闭园区采用环状和平行条带式相结合的投饵方法。设施区采用平行条带投饵方式，即沿设施后墙墙根布放一个药带。办公区的厨房、厕所、库房采用环状投饵方式，厨房、厕所、库房内外沿墙根各布放一个环状药带；园区四边内沿墙根布放一个环状药带，堆距5米，每堆投饵4～8克；开放式园区采用平行条带式投饵方式，即沿设施两个长边外缘各布放一个药带，堆距5米，每堆投饵2～4克。

77. 农药废弃包装物有哪些为害?

农药废弃包装物主要包括农药箱、瓶、桶、罐、袋等。这些农药废弃包装物如果随意丢在田间地头，就会造成以下为害：

（1）废弃农药包装中含有残留农药，一方面随着蒸发，残留农药会进入空气，对大气形成一定污染；另一方面随着雨水的冲刷，废弃农药包装物中的残留农药也会直接进入土壤和农作物，对环境生物和农产品质量安全造成长期的和潜在的为害。

（2）目前农药废弃包装中主要以玻璃瓶、塑料瓶、塑料袋、铝箔袋为主，这类农药包装废弃物在自然环境中很难降解，长期积累废弃农药包装物容易在土壤中形成阻隔层，造成土壤通透性和通气性差，影响农作物根系的生长扩展。由于阻隔层阻碍了植株对土壤养分和水分的吸收，废弃农药包装物就会间接导致田间农作物减产。

（3）废弃农药包装物长期散落田间、地头，不仅会造成严重的"视觉污染"，而且农药玻璃瓶的碎片也容易导致作业人员和牲畜受到伤害。

正确使用农药，可以有效防治农业病虫害，促进农业增产增收，但在农药使用过程中，也不要忽视废弃农药包装物对农产品质量安全、生态安全，乃至公共安全存在隐患。在大力提倡农产品质量安全，农业可持续发展的今天，人们在享受农药给病虫害防治方面带来巨大成果的同时，必须想办法避免废弃农药包装物导致的各种为害。

78. 如何处理农药废弃包装物?

农药用完后，盛药的空瓶、空桶、空箱及其他包装物上一般都会沾有农药，处理不当，就可能引发中毒事故。因此农药废弃包装物一定严禁他用，特别注意不要用盛过农药的容器装食物或饮料，也不要随地乱扔或长时间露天堆放。

有些农药包装物农药生产企业可以再利用，这些包装物可以由经营部门或生产企业统一回收；对回收价值不高的，要远离村庄处集中焚烧，焚烧时人不要站在火焰产生的烟雾中。目前北京市有关部门正在统一回收农药废弃包装物，使用者应把它们集中放在安全的地方保存，分批移送处理部门。处理部门会将农药废弃包装物送到指定单位，集中进行无害化处理。

79. 送检农药应注意哪些问题？

使用农药发生纠纷时，所用农药的检验结果，对责任认定非常重要，因此送检的样品必须具有代表性，同时必须注意：未向有关部门投诉、使用者自行送检的，所送样品必须经过销售者认可、双方共同封样；或者自行送检的，所送样品必须经过销售者认可、双方共同封样，或者共同送样。已向有关部门投诉的，应由受理投诉的单位取样送检，所送检的样品必须与使用的样品生产批次相同。应根据使用产生问题的不同，确定检测项目。防效不好的，应重点检测有效成分含量。产生药害的，除有效成分外，还要测定农药辅助指标并同时分析该药剂是否含有导致药害的有害物质。

80. 应如何进行农药投诉举报？

投诉、举报违法经营或使用农药，应注意以下事项：

（1）注意投诉一定要在有效时间内进行。我国的法律规定，消费者知道或者应该知道自己的权益受到侵害超过 1 年的，其申请不予受理或者终止受理。

（2）注意做好农药评判工作。由于农药是特殊的商品，在自己认为其购买的农药有问题时，在投诉前应当向当地农药管理机构申请判定农药标签是否合格。如怀疑农药质量有问题，可向农药检测机构申请农药质量检测，鉴定结果确实为假劣农药时，方可投诉。

（3）举报人可通过来人、来函、电话、网络等方式，向农业、工商等职能部门举报违法经营、使用农药线索。

六、有害生物综合防控

1. 什么是有害生物综合防控技术体系?

有害生物综合防控技术体系的构架详见下图:

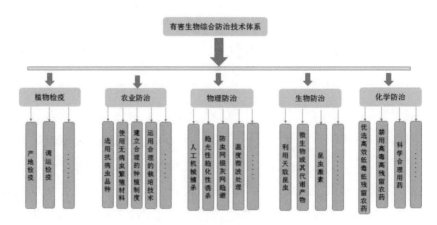

有害生物综合防控技术体系

2. 麦田杂草综合防治措施有哪些?

麦田杂草综合防治主要采取以下措施:

(1)农业措施:结合田间农事操作,有目的地创造有利于小麦生长而不利于杂草发生的条件。

①清选种子:雀麦等杂草种子往往随小麦收获混杂在麦种中。因此对小麦进行机械筛选或清水选种,不仅能够清除麦种中的病粒、杂粒,而且也会达到筛除杂草种子,杜绝杂草再次进入麦田的目的。②轮作倒茬:看麦娘、野燕麦等发生严重的地块可以与油菜、豌豆等作物轮作。当这些作物成熟时杂草种子一般尚未成熟,及时收割和耕翻整地就会有效减轻第二年杂草发生的数量。③合理密植:合理密植能够降低田间空隙度,从而减少杂草生长空间。

(2)人工拔除:年前苗期与年后返青期进行中耕,可以有效清除杂草。对于雀麦等发生严重的麦田,应在杂草开花结籽前进行 2 次人工拔除。

（3）化学除草：根据杂草种类与发生程度，选用合适药剂，在适当时期进行化学除草。

3. 小麦白粉病综合防治措施有哪些?

小麦白粉病综合防治措施包括：

（1）选用抗病、丰产优质品种；

（2）合理密植，控制群体密度，避免形成通风不利的郁闭环境；

（3）控制氮肥，增施磷钾肥；

（4）适当药剂防治。当田间病株率达 50% 时或在孕穗末，植株上三叶病叶率达 10% ～ 20% 时，开展药剂防治。药剂防治可选用三唑酮、丙环唑等。

4. 花生病虫害综合防治技术要点有哪些?

花生病虫害综合防治，必须在选用优良品种、实行平衡施肥、适期适深播种、合理密植基础上，抓好一拌三喷。

药剂拌种：用 30 毫升 60% 吡虫啉悬浮种衣剂和 10 毫升 75% 萎·双可湿性粉剂与 12.5 千克花生种子搅拌均匀，晾干后播种，可防治苗期病虫，促一次播种、一次全苗。

生长期喷雾：花生生长期根据田间病虫害发生特点，一般要喷药 3 次。第一次喷雾：花生齐苗后，亩用寡雄腐霉 5 克与 0.136% 赤·吲乙·芸苔可湿性粉剂 3 克，对水 30 千克喷雾，可防治花生根腐病、茎腐病、病毒病，促苗壮。第二次喷雾：花生初花期，亩用寡雄腐霉 5 克、天达 2116（花生豆类专用）50 克和 22% 噻虫·高氯氟微囊悬浮—悬浮剂 10 毫升，对水 30 千克喷雾，可防治花生网斑病、病毒病、棉铃虫、蚜虫，使植株健壮、抗倒伏。第三次喷雾：花生荚果、膨大期，亩用寡雄腐霉 10 克，加天达 2116（花生豆类专用）75 克，对水 50 千克喷雾，可防治花生叶斑病和后期早衰。

花　生

5. 辣椒疫病综合防治措施有哪些?

综合防治辣椒疫病应采取以下措施:

（1）选用无病新土育苗或床上进行消毒。

（2）加强田间管理。注意通风透光,防止湿度过大。选择晴天的上午浇水,浇水后提温降湿,避免高温高湿。及时拔除病株并清除出棚室集中处理。

（3）药剂防治。定植后可喷80%代森锰锌可湿性粉剂加以保护,15天一次。发病初期可喷50%烯酰吗啉可湿性粉剂等药剂进行防治。

6. 保护地蔬菜灰霉病综合防治措施有哪些?

综合防治保护地蔬菜灰霉病应采取以下措施:

（1）生产中及时清除病原菌是防治灰霉病的有效措施,操作时要身带塑料袋,发现有病果、病花时,立即用塑料袋套上后再摘除,并封闭袋口,带出室外深埋,严防病菌随风或农事操作传播。

（2）栽培西葫芦、茄子时,坐果后须及时摘除开败的花冠,可以有效地防治灰霉病发生。

坐果后及时摘除花冠

（3）在化学防治上可选用啶酰菌胺、嘧霉胺或腐霉利等药剂,低温等恶劣环境条件下可与天达2116一起喷施,增强植株抗逆性。特别注意要轮换用药,以防止产生抗药性,提高防治效果。

7. 油菜菌核病综合防治措施有哪些?

综合防治油菜菌核病应采取以下措施:

（1）选用抗（耐）性品种;

（2）减少初侵染源:包括种子处理、病株残体处理、深耕培土、土壤消毒等;

（3）改善生态环境、抑制病害扩展蔓延:可以采取重施茎苗肥、早施茎苔肥、开沟防浸、摘除老叶病叶、调整播栽期等;

（4）药剂防治:可以选用25%咪酰胺乳油、50%多菌灵可湿性粉剂、50%腐霉利可湿性粉剂等进行防治。

8. 甜菜夜蛾综合防治有哪些?

甜菜夜蛾主要为害白菜、萝卜、甘蓝、菜花等多种蔬菜。一般7—8月为严重为害期。防治甜菜夜蛾应采取以下综合防控措施:

（1）农耕灭蛹:春季除草灭低龄幼虫,减少后期虫源。

（2）灯光诱蛾:大面积生产可以利用甜菜夜蛾的趋光性,利用黑光灯诱杀成虫,每盏灯可以防治30亩地。根据诱蛾情况,判断发蛾高峰,推算产卵高峰,确定防治1～2龄幼虫的关键时期。

（3）性诱剂诱杀甜菜夜蛾:在蔬菜生长点上方10～20厘米处,每亩装5～6个性诱捕器,可以有效诱杀甜菜夜蛾成虫。

性诱剂诱杀甜菜夜蛾

（4）药剂防治：在甜菜夜蛾卵孵化盛期至 1 ～ 2 龄幼虫高峰期，可以用 5% 甲氨基阿维菌素苯甲酸盐水分散粒剂等药剂对水喷雾防治。

9. 大蒜病害综合防治措施有哪些?

大蒜的主要病害有紫斑病、叶枯病、锈病等。其综合防治技术是：

（1）精选蒜种：尽可能采用脱毒蒜、抗病蒜、无病虫健壮蒜种，播前精选蒜种，并进行药剂拌种，可用 20 毫升 600 克 / 升吡虫啉悬浮种衣剂对水 100 毫升拌 7.5 千克蒜种。

（2）药剂防治：①大蒜紫斑病，可在发病初期用 $1×10^6$ 孢子 / 克寡雄腐霉 2.5 克或 50% 啶酰菌胺可湿性粉剂 10 克，对水 15 千克后，再加入 25 毫升天达 2116 进行喷雾防控，每 10 ～ 15 天 1 次，连续喷洒 2 次；②大蒜叶枯病，可在发病初期用 25% 嘧菌酯可湿性粉剂 1 500 倍液、10% 苯醚甲环唑水分散粒剂 1 500 倍、寡雄腐霉 6 000 倍液；③大蒜锈病，可在发病初期用三唑酮乳油 1 500 倍液、10% 苯醚甲环唑水分散粒剂 1 500 倍、80% 金乙嗪·晴菌唑可湿性粉剂 2 500 倍、40% 氟硅唑乳油 4 000 倍液喷雾防治，每 7 ～ 10 天 1 次，连喷 2 ～ 3 次。

10. 黄瓜霜霉病综合防治措施有哪些?

综合防治黄瓜霜霉病应采取以下措施：

（1）选用抗病新品种。如津春 2 号、津杂 2-4 号、中农 12 或中农 16 等。

（2）加强栽培管理。采用高垄地膜覆盖技术，膜下浇水，减少浇水次数。加强通风，降低空气湿度。增施磷钾肥，提高植株的抗病能力。结瓜后及时摘掉下部老黄叶。根外喷施 0.2% 磷酸二氢钾，提高叶片生理抗病能力。

（3）高温闷棚。选择晴天上午，关闭大棚温室门窗，使棚室内的温度升到 45℃，最高不超过 48℃。持续 2 小时后适当通风，使棚室温度逐渐下降，恢复正常温度。注意闷棚前一天必须浇水。

（4）药剂防治。对于保护地黄瓜，发病初期可选用 20% 百菌清烟剂、80% 代森锰锌可湿性粉剂或寡雄腐霉等药剂进行防治。对于露地栽培黄瓜，可选用 50% 烯酰吗啉水分散粒剂、65% 代森锰锌水分散粒剂、70% 丙森锌可湿性粉剂等药剂进行防治。

11. 黄瓜黄化病综合防治措施有哪些?

综合防治黄瓜黄化病应采取以下措施:

（1）选择化瓜率低的品种进行种植。

（2）加强田间管理，控制夜间温度，不要过高，以减少呼吸消耗。及时采收下部瓜，避免与上部瓜争夺养分，引起上部瓜化瓜。

（3）多施底肥有机肥，及时中耕松土，必要时轻浇水后再追肥松土，提高地温，促进根系生长发育。

（4）因地上部分营养不足出现化瓜，还可适当喷施叶面肥。

保护地黄瓜

12. 保护地黄瓜菌核病综合防控措施有哪些?

综合防控保护地黄瓜菌核病应采取以下措施:

（1）播种前进行种子消毒，50℃温水浸种 10 分钟。

（2）加强田间管理，整地前彻底清除植株病残体，深翻土壤，深度要求达到 25 厘米，将菌核埋入深层土壤。重病棚室，可采用高温闷棚方法处理土壤。

（3）棚室内出现子囊盘时，可采用药剂喷雾法防治，如 50% 啶酰菌胺水分散粒剂、50% 腐霉·多菌灵可湿性粉剂、25% 多菌灵可湿性粉剂、33% 多·酮可湿性粉剂、255 克/升异菌脲悬浮剂和 25% 咪鲜胺乳油等。

13. 草莓红蜘蛛的综合防治措施有哪些?

综合防治草莓红蜘蛛应采取以下措施:

(1)农业措施。清除田间杂草,加强水肥管理,使植株生长健壮,可减轻为害。

(2)生物防治。在红蜘蛛虫口密度高峰期,释放捕食螨。

(3)化学防治。乙螨唑 5 000 ~ 7 000 倍,1.8% 阿维菌素乳油 3 000 倍、噻螨酮 3 000 ~ 5 000 倍、克螨特 2 000 ~ 3 000 倍液防治,隔 7 天 1 次,交替使用,连续喷 3 次。

14. 大棚草莓炭疽病综合防治措施有哪些?

综合防治大棚草莓炭疽病应采取以下措施:

(1)选用抗病品种。

(2)栽培措施。避免连作,尽可能实施轮作。合理密植,不偏施氮肥,增施有机肥和磷、钾肥,培育健壮植株,提高植株抗病力。白天天气晴时,加大通风力度,降低大棚内的温、湿度。注意清园。及时摘除病叶、病茎、枯老叶等带病残体,并集中烧毁,减少传播。

(3)化学防治。在大棚发病初期,防治可用 50% 咪鲜胺可湿性粉剂 700 倍液、40% 福美锌可湿性粉剂 500 倍液、80% 福·福锌 800 倍液。以上药剂交替使用,同时喷药时要均匀,药液量要喷足,棚架上最好也要喷到,以提高防治效果。

15. 草莓蚜虫的综合防控措施有哪些?

综合防控草莓蚜虫可采取以下措施:

(1)农业措施。及时摘除草莓老叶、病叶,消除温室周边杂草;在通风位置设置防虫网。

(2)物理防治。在温室内设黄板诱杀。从定植期开始使用,每栋温室用

10～20块，挂置高度略高于草莓植株10～20厘米，诱杀有翅蚜虫，定期更换。

（3）化学防治。10%吡虫啉可湿性粉剂1 000倍，1.8%阿维菌素乳油3 000倍，5%啶虫脒乳油1 500倍药剂等交替使用，混合使用时掌握好浓度，注意农药安全间隔期，以免产生抗药性和药害。

注意：喷雾防治，要避开草莓开花期，保护好温室内蜜蜂。

16. 草莓白粉病综合防治技术有哪些？

综合防治草莓白粉病可采取以下措施：

（1）加强温湿度控制，采用地膜覆盖加滴灌技术，覆膜时要求垄、沟全覆到，以最大限度降低温室中的空气湿度，防止早上棚内起雾及棚膜顶部结露；中午温度高时适时通风，阴天也要坚持适当通风。

（2）加强田间管理，勤摘老叶、病叶和病果，当天的病残体要及时清出温室，减少侵染源，后期一定要及时摘除过多叶和小果、病果，可以有效抑制病害的高发；注重水肥管理，适期、适量施氮肥，增施磷钾肥，可以有效降低白粉病的发生。

（3）药剂防治，药剂防治是一个必不可少的重要手段，但要注重提前预防，不要发病才防，要交替使用药剂，防止产生抗药性。进入开花期，是白粉病最易侵染的时期，叶面喷施药剂易造成果实畸形，所以在开花期尽可能不使用喷雾剂，以硫黄熏蒸为主。采收前病害高发期可每隔7～14天喷1次保护性药剂，交替使用防止产生抗药性。此外，在前期预防白粉病时，也可以使用百菌清烟熏剂熏棚。

17. 温室白粉虱综合防治措施有哪些？

综合防治温室白粉虱可采取以下措施：

（1）农业防治。①清洁田园。摘除老叶和采收后，尽快清理植株残体，因地制宜无害处理；及时清除蔬菜园区尤其是棚室周边的杂草。②培育无虫苗。育苗时要把苗床和生产温室分开；育苗前应进行棚室表面消毒；育苗期间棚内悬挂少量黄板监测白粉虱，及时防治，风口用40目防虫网隔离；定植时确保移栽苗无虫。

（2）物理防治。①覆盖防虫网。在种植棚用 30～40 目防虫网封闭通风口或设立隔离门。防虫网应定期检查，破损及时修补，防虫门应做好密封。有条件可用两道防虫门设置一个缓冲间，中间悬挂 3～4 块黄板，效果更佳。②黄板或黄盆诱杀。发生初期使用效果好，每亩放置 25 厘米×40 厘米黄板 20～25 块，板下端高于植株顶部 5 厘米左右，视粘虫量及时更换；也可用黄盆盛清水，内放一定量的洗衣粉，放置高度略低于植株生长点，每亩放置直径 30 厘米左右黄盆 15 个左右，需及时清除表面漂浮成虫和换水。

（3）生物防治。慎用广谱杀虫剂，保护和利用温室白粉虱的天敌，包括草蛉、东亚小花蝽和丽蚜小蜂等。低密度发生时，可通过人工释放丽蚜小蜂防治。成虫在 0.5 头/株以下时，丽蚜小蜂释放密度为 15 头/株，发生量大时适当增加释放密度，每隔 10 天左右放 1 次，视情况连放 3～4 次，利于控制害虫种群增长。

（4）化学防治。温室白粉虱在田间点片发生时即需着手防治。选择合适的化学药剂进行防治。

18. 瓜绢螟的综合防治措施有哪些？

综合防治瓜绢螟应采取以下措施：

（1）及时清理田园，消灭藏匿于枯蔓落叶的虫蛹。

（2）幼虫发生初期及时摘除卷叶，消灭部分幼虫。

（3）药剂防治。在幼虫发生初期及时进行药剂防治。可选用 19% 溴氰虫酰胺悬浮剂喷雾防治。

19. 斑潜蝇综合防治措施有哪些？

由于斑潜蝇虫体微小。繁殖能力强，成虫飞行，药剂防治极易产生抗性。同时，田间世代重叠明显，蛹粒可掉落在土壤表层。因此要有效控制斑潜蝇为害，必须采取多种方法综合防治。

（1）收获完毕后，及时清洁田间病残体。实施与斑潜蝇非喜食蔬菜轮作。夏季深翻土壤高温闷棚。

（2）斑潜蝇轻发区加强调查，发现受害叶片及时摘除，并悬挂黄色粘虫黄板，诱杀成虫。

（3）药剂防治需注意交替使用不同药剂，防止害虫产生抗药性。

20. 保护地番茄灰霉病综合防治措施有哪些?

综合防治保护地番茄灰霉病应采取以下措施：

（1）选用抗病品种，播种前做好种子消毒工作。

（2）清洁田园。整地前及时清除病残体，减少菌源；定植前进行高温闷棚，或采用熏蒸法对棚室表面进行消毒，如10%腐霉利烟剂；作物生长期内及时清除病花病果，避免病菌扩散再次侵染。

（3）加强田间管理。遇连续阴雨天或雾霾天气，切忌浇水、喷药，防止湿度再度增加，在保证棚内温度同时适时通风。在番茄坐果后，应及时摘除柱头，防止侵染果实。

（4）药剂防治。应重视番茄花期和浇催果水前的防治，针对性地喷花和喷果保护果实不受侵害，选择适宜的农药进行防治。

21. 番茄叶霉病的综合防治措施有哪些?

综合防治番茄叶霉病应采取以下措施：

（1）选用抗病品种，播种前进行温汤浸种，对种子进行消毒。

（2）合理轮作，重病棚室选择与非茄科类蔬菜进行2～3年轮作，减少田间菌源。

（3）加强棚室管理，适当控制浇水，浇水后及时通风，避免长时间闷棚。及时整枝打杈、植株下部老黄叶片尽快摘除，有利于通风透光。使用配方肥，避免氮肥过多，适当增加磷、钾肥。

（4）发病初期选择适宜的农药进行防治。

22. 芹菜叶枯病综合防治措施有哪些?

综合防治芹菜叶枯病应采取以下措施：

（1）选用无病种子，用无病株留种。播种前需进行种子处理，可采用温汤浸种。

（2）加强田间管理，施足底肥，增加植株抗病力。合理种植，掌握适当种植密度。发病初期，及时清除病株和病叶。

（3）保护地种植应加强通风，降低空气湿度，禁止大水漫灌。

（4）选择适宜的农药进行防治。

23. 芹菜根结线虫综合防治措施有哪些？

综合防治芹菜根结线虫应采取以下措施：

（1）彻底清洁田园，在前茬拉秧后仔细清除植株残根，带出田园集中销毁。

（2）轮作换茬，实行与葱、蒜、韭菜、辣椒等抗病、耐病蔬菜轮作，可减少损失，降低土壤种线虫数量。

（3）客土育苗，选择未发生过根结线虫的地块育苗，防治根结线虫通过土壤传播，可采取穴盘育苗，缩短移栽缓苗期。

（4）棚内土壤高温消毒。根结线虫喜温暖干燥的环境，最适生长发育的土温为 25 ~ 30℃，土壤含水量 40% 左右。根结线虫在土温 10℃以下时，幼虫停止活动，55℃时，经 10 分钟即可死亡。在盛夏，深翻土壤，挖沟起垄，有条件可将生石灰施入土壤，灌水后盖严地膜，密封棚室 10 ~ 15 天，利用夏季强光高温有效杀灭根结线虫。北方冬季可进行表土层换土，经严冬可冻死大量虫卵。

（5）药剂处理，选用 15% 阿维·吡虫啉微囊悬浮剂沟施，或使用 10% 噻唑膦颗粒剂土壤撒施，可达控制效果。

24. 芹菜病毒病综合防治措施有哪些？

综合防治芹菜病毒病可采取以下措施：

（1）选用抗病品种，适时播种，避开蚜虫高发期，防治苗期染病。重病苗及时剔除，减少感染源。

（2）加强田间管理，合理施肥，高温季节及时浇水，注意防旱排涝，增强植株抗耐病能力。

（3）芹菜生长期间做好蚜虫、粉虱防治，悬挂黄板诱杀，及时添加防虫网，减少病毒传播。

（4）药剂防治，选择适宜的农药每10天左右喷药一次，连续喷施2～3次。

25. 芹菜叶斑病综合防治措施有哪些？

综合防治芹菜叶斑病应采取以下措施：

（1）选用无病种子，用无病株留种。播种前需进行种子处理，用48～50℃温水浸种15～20分钟，边浸边搅拌，其后用凉水冷却，晾干后播种。根据气候特点和需要，因地制宜选用抗病、耐病品种。

（2）清洁田园。收获后彻底清除田间病残叶，发病初期及时清除病叶、病茎等，带到田外集中深埋处理，减收菌源。实行2年以上轮作，可大大减少病源数量。

（3）加强田间管理。增施底肥，适时追肥，雨后及时排水。保护地注意通风排湿，减少夜间结露，禁止大水漫灌。

（4）药剂防治。选择适宜的农药进行防治。

26. 保护地芹菜蚜虫综合防治措施有哪些？

综合防治保护地芹菜蚜虫可采取以下措施：

（1）种植前，在田间间隔铺设银灰色膜或悬挂银灰色膜条驱避蚜虫。

（2）悬挂黄板诱杀有翅蚜。

（3）天敌防治，可在保护地内释放瓢虫、草蛉等食蚜昆虫防治蚜虫。

（4）药剂防治，由于蚜虫世代周期短，繁殖快，蔓延迅速，多聚集于菜心或叶背皱缩隐蔽处，应选用兼具触杀、内吸、熏蒸三重作用的药剂。

27. 露地蔬菜病虫害综合治理措施有哪些？

露地蔬菜病虫害综合治理的重点在播种育苗阶段，其后主要是加强管理、适期用药并严格执行用药安全间隔期。

（1）播种育苗阶段。①轮作：与适宜作物隔年轮作，可以有效控制多种病虫害。②选用抗病、耐病品种：此项措施对大多数病害来说，是一种十分有效的防治措施。③苗床选择与消毒：育苗一般要选择新的苗床，老苗床必须换用无病新土或进行药剂处理。④种子处理：蔬菜通常用种数量较少，可以采取温汤浸种、干热处理、酸处理、碱处理等。⑤嫁接防病：一般瓜类、茄果类采取这种措施。

（2）生长期。①加强栽培管理：定植前喷药，带药移栽，防止苗期带病虫进入田间。施足基肥，多施腐熟的有机肥，增施磷肥、钾肥，控制氮肥用量，以防旺长；深耕减少菌源；合理密植；及时摘除病果病叶，集中销毁或深埋；收获后彻底消除病残体等。②病虫害防治：一般用药处理要掌握防治适期，注意保护天敌，严禁使用高毒高残留农药防治病虫害，并严格遵守用药间隔期。

28. 怎样防治保护地蔬菜细菌性病害？

保护地蔬菜细菌性病害几乎都能够通过土壤进行传播，防治上可按照防治土传病害的综合措施进行。长期以来在对细菌性病害化学防治上，多用农用链霉素、氢氧化铜、甲霜铜等。由于长时期使用此类药品，多数细菌性病害已经对其产生了很强的抗药性，导致再用这类药品防治效果差，难以控制病菌为害与发展。因此防治细菌性病害应该多选用喹啉铜、络氨铜等新型农药，并注意不同类农药交替使用，以确保其防治效果。

29. 桃园主要病虫害综合防控措施有哪些？

综合防控桃园主要病虫害应采取以下措施：

（1）桃炭疽病、桃细菌性穿孔病。剪除树上的枯枝、僵果和残桩，或在芽萌动至开花前后的初次发病的病枝，消灭越冬病源、防止引起再次侵染；加强排水，增施磷肥、钾肥，增强树势，并避免留枝过密及过长；桃芽萌动时喷洒 1～2 次倍波尔多液（展叶后禁用）。

（2）桃根癌病。加强土壤管理，合理施肥，改良土壤，增强树势；加强果园检查，对可疑病株挖开表土，发现病后用刀刮除或彻底刮除并用 KG84 浇根消毒，对发生严重植株挖出烧毁。

（3）桑白蚧。萌芽前喷洒 1～2 次石硫合剂，或用 100 倍机油乳剂，消灭越冬雌成虫。虫体密集成片时，喷药前可用硬毛刷刷除再行喷药，以利药液渗透。

30. 樱桃病虫害综合防治措施有哪些？

综合防治樱桃病虫害应采取以下措施：

（1）农业防治。培育健壮无病毒苗木；合理密植间作；加强管理，保持树体健壮，增强抵御病虫害的能力。

（2）生物防治。保护和利用天敌；利用昆虫激素防治害虫；利用真菌、细菌、放线菌、病毒、线虫等有益微生物或其代谢产物防治果树病虫。

（3）物理防治。利用昆虫的趋光性诱杀；害虫越冬前，诱集害虫并集中消灭；冬季树干涂白，可防日烧、冻害，也可阻止天牛等害虫产卵为害。

（4）化学防治。根据病虫害发生情况，及时采取化学农药进行防治。

31. 樱桃褐腐病综合防治措施有哪些？

综合防治樱桃褐腐病应采取以下措施：

（1）清洁果园，将落叶、落果清扫烧毁；

（2）合理修剪，使树冠具有良好的通风透光条件；

（3）发芽前喷 1 次石硫合剂；

（4）生长季每隔 10～15 天喷 1 次药，共喷 4～6 次，选择适宜的农药进行防治。

32. 葡萄病虫害的综合防治措施有哪些？

对葡萄病虫害可采取农业防治、物理防治和化学防治措施。

（1）农业防治。在休眠期结合冬季修剪，剪除并烧毁各种病虫枝、叶、干枯果穗，清除地面落叶、残枝、残果，剥老皮、消灭越冬虫卵和病菌。及时绑蔓摘心和疏除副梢，创造良好的通风透光条件。接近地面的果穗，可用绳子适当高拉，以防病虫为害。结合施基肥深翻，可以将土壤表层的害虫和病菌埋入施肥沟中，以减少病虫来源。并将葡萄植株根部附近土中的虫蛹、虫茧和幼虫挖出来，集中杀死。病害发生前对果穗套袋能有效阻止病菌与果穗的接触，是防治白腐病、黑痘病、炭疽病等病害的有效办法。

（2）物理防治。利用果树病原、害虫对温度、光谱、声响等特异性、反应和耐受能力，杀死或驱避有害生物。在害虫的成虫盛发期，利用频振式杀虫灯诱杀透翅蛾、吸果夜蛾等害虫的成虫，减少果园卵量，这样既能消灭害虫，又能减少化学农药对葡萄果实的污染。小面积果园还可设置糖醋液诱盆诱杀吸果夜蛾等害虫。

（3）化学防治。防治重点包括黑痘病、白粉病、炭疽病、透翅蛾；浆果着色至完熟期主要防治炭疽病、白粉病、白腐病。不同时期的病害选用对症化学药剂，适时防治。在施药时，交替使用农药品种，避免病菌产生抗药性。

33. 葡萄霜霉病综合防治措施有哪些？

综合防治葡萄霜霉病可采取农业防治和化学防治措施。

（1）农业防治。注意葡萄园排水，降低果园湿度。及时摘心抹芽除副梢，改善果园通风透光条件，均可减少霜霉病的发生。

（2）化学防治。以防为主，根据需要选择适宜的农药进行防治。

34. 梨病虫害的综合防治措施有哪些？

综合防治梨病虫害可采取物理措施和化学措施。

（1）物理措施。①彻底清园，减少越冬病虫源。将留在树上的无用枝条清除（特别是病枝、枯枝）；刮掉老皮，杀灭越冬害虫；清除园内杂草，与修剪下的枯枝、烂叶集中烧毁，并将草木灰返园能降低园内病虫基数。②搞好果园水肥管理。尤其按照开花前需水多、花期需水少、果实膨大期需水多、果实成熟期需水少的原则，合理排灌，以增强树势，提高对病虫害的抵抗能力。③改善通风透光条件。根据品种特性和土壤状况，在修剪时有选择性地留枝。在生长季节多摘心，及时抹除多余的枝梢，使树冠通风透光，以减少病虫害。④及时除草，降低果园湿度。梨园内若杂草太多，湿度偏高，会使害虫基数提高，并引发多种病害，故要及时除草，但尽量少用除草剂。⑤套袋。套袋能预防梨病虫为害，并能提高梨果外观品质，防止日灼，减少环境污染，降低用药量及农药残留。套袋时间在 5 月中旬至 6 月上旬，套前必须喷 1 次以水剂和粉剂为主的农药，忌喷乳剂等容易诱发锈斑的农药，干后即套。套袋时应撑开袋体，幼果在袋中央部，避免袋纸与果面接触，袋口扎紧，勿使漏光，并使袋与果位于叶的下面。

套 袋

（2）化学措施。①休眠期喷化学药剂。冬季梨树进入休眠期，彻底清园后，全园喷 3 ～ 5 波美度石硫合剂等高效杀虫杀菌剂 1 次，3 月初萌芽前再喷 1 次，可有效杀灭病菌害虫，降低病虫基数。②生长期喷保护剂。对生长期的病虫害，除了有针对性地防治外，还要求定时、定量用药：除了对梨锈病在 3 月中旬至 4 月中旬用 2% 粉锈宁 1 000 倍液防治外，其余的治虫药剂根据情况选择适宜的药剂进行防治。

35. 苹果病虫害综合防治措施有哪些?

综合防治苹果病虫害可采取物理防治和化学防治措施。

（1）物理防治。①加强病虫害预测预报，根据病虫发生的规律，结合苹果的物候、气象、天敌等进行全面科学分析，预测病虫害未来发展的态势，为及时防治病虫害提供最佳时期和方法。②土壤管理，深翻改土，增施有机肥，增强树势，增加树体抗性，结合深翻改土，深埋枯枝落叶，减轻食心虫、早期落叶病越冬基数，减轻病虫害发生。③疏花疏果，合理负载。结合疏花疏果摘除病果、病叶、病梢等，合理负载。④冬、夏修剪：通过合理修剪，改善通风透光条件，剪除病虫枝梢、病僵果等。⑤清园：刮除腐烂病病斑，刮除老翘皮，消除病虫害越冬场所，彻底清扫枯枝落叶，对减轻果园多种病虫为害有很好的效果。

（2）化学防治。①疏果定果套袋前的病虫害防治。可于 5 月中旬左右选择适宜的防治药剂。②套袋后的病虫害防治。果实套袋前后是病虫害防治的关键时期。病害主要有褐斑病、斑点落叶病、轮纹病、炭疽病等；害虫主要有桃小食心虫、蚜虫、潜叶蛾、害螨等。根据病虫发生情况合理选择化学农药防治，一般在 6 月下旬对套袋苹果进行第二次喷药防治。

七、绿色防控技术

1. 什么是绿色防控?

绿色防控是指以保护农作物安全生产、减少化学农药使用为目标，采取生态控制、生物防治、物理防治等环境友好型措施来控制有害生物的行为。

绿色防控从农田生态系统整体出发，以农业防治为基础，积极保护利用自然天敌，恶化病虫的生存条件，提高农作物抗病虫能力，在必要时合理地使用化学农药，将病虫为害损失降到最低限度。它是持

绿色防控集成技术

生态调控技术
重点采取推广抗病虫品种、优化作物布局等健康栽培措施，并结合农田生态工程与自然天敌保护利用等技术，增强自然控害能力和作物抗病虫能力。

生物防治技术
重点推广应用以虫治虫、以螨治螨、以菌治虫、以菌治菌等生物防治关键措施，积极开发植物源农药、农用抗生素、植物诱抗剂等生物生化制剂应用技术。

理化诱控技术
重点推广杀虫灯、诱虫板防治蔬菜等农作物害虫，积极开发和推广应用黄板诱杀、防虫网阻隔等理化诱控技术。

科学用药技术
推广高效、低毒、低残留型农药，优化集成农药的轮换使用、交替使用、精准使用和安全使用等配套技术，严格遵守农药安全使用间隔期。

绿色防控技术

续控制病虫灾害，保障农业生产安全的重要手段；是通过推广应用生态调控、生物防治、物理防治、科学用药等绿色防控技术，以达到保护生物多样性、降低病虫害暴发几率的目的，同时它也是促进标准化生产、提升农产品质量安全水平的必然要求，是降低农药使用风险、保护生态环境的有效途径。

2.绿色防控的指导原则有哪些?

绿色防控有如下指导原则:

（1）栽培健康作物;

（2）保护利用生物多样性;

（3）保护应用有益生物;

（4）科学使用农药。

3.蔬菜作物绿色防控的核心技术有哪些?

蔬菜作物绿色防控的核心技术包括:

（1）无病虫育苗;

（2）产前消毒预防技术;

（3）产中科学防控技术;

（4）产后残体处理技术。

4.蔬菜绿色防控主要产前技术有哪些?

蔬菜绿色防控产前技术主要包括以下几方面:

（1）种子处理技术:根据不同蔬菜种子所传带的重要病虫,有针对性选择温汤浸种或药剂处理,非药剂处理种子的技术有温汤浸种、干热处理、酸处理、碱处理等。

（2）高温闷棚技术:夏季每亩均匀撒入 300 ～ 500 千克碎稻草和生石灰,混匀深翻后,每 1 米南北向做一沟一垄,沟内灌满水,然后在垄上盖地膜,外面棚膜也要盖上,封闭棚室 10 ～ 15 天,使 30 厘米土温达 54℃以上。

（3）土壤处理技术:一般采用土壤臭氧处理技术与土壤 20% 辣根素水乳剂处理两种方式进行。

（4）棚室表面消毒技术:在作物收获后,清除棚内病残体,棚外密闭棚膜,用自控臭氧消毒常温烟雾施药机对地表面、棚膜、墙壁、立柱和架材等所有暴露表面进行表面灭菌,密闭 3 天后,打开棚膜,种植作物。这种技术主要针对灰霉病、白粉病、叶霉病等气传性病害的防治。

绿色防控产前技术

5. 什么是温汤浸种?

温汤浸种是种植户最常用的一种种子处理方法。这种方法是采用 50～55℃的温水浸泡种子一定时间,将种子表面所带病虫杀灭来防控农作物病虫害的方法。

6. 什么是种子碱处理?

碱处理是进行种子处理的一种方法,主要用于种子传带病毒病的预防。常用的碱是磷酸三钠,通常处理浓度是 0.3%,处理时间为 20～30 分钟,处理过的种子需要用清水多次反复搓洗干净后播种。

7. 土壤臭氧处理技术要点是什么?

将土壤翻耕后,起高垄,沟深 50 厘米,垄上盖一层膜,密闭后开启自控臭氧消毒机将臭氧气体持续通入膜下土壤中,这样密闭 3 ～ 5 天后,可杀灭土壤中的有害生物。

8. 土壤 20% 辣根素水乳剂处理技术要点是什么?

土壤 20% 辣根素水乳剂处理技术要点是将保护地内土壤翻耕起垄,垄高 30 ～ 50 厘米,垄上通一根滴灌管,用完整的棚膜覆盖地表,四周压实后,打开滴灌,清水滴灌一定时间后,土壤充分润湿关闭阀门。在施肥罐中按照 20% 辣根素水乳剂 2 ～ 5 升 / 亩的用量配备适量溶液,并打开滴灌阀门直到水量适合为止。滴完后,密闭地膜 3 天,揭开地膜 2 天后即可种植作物。

9. 蔬菜绿色防控主要产中技术有哪些?

蔬菜绿色防控产中技术主要有以下几方面:

(1)健体栽培技术。该技术主要是从增强农作物本身抗耐病虫能力出发,降低病虫害为害的一种方法。生产上我们可以采用调节营养生长和生殖生长、地上部分和地下部分的比重来达到抗 / 耐病虫和丰产增收的目的。

(2)双网覆盖技术。在大棚通风口根据防治对象的不同覆盖 40 ～ 60 目防虫网,并在夏季高温强光季节根据蔬菜对光强的要求覆盖遮光率 60% ～ 70% 的遮阳网。双网覆盖可改善设施内温光及环境,防止害虫成虫飞入设施内,有效抑制害虫进入和害虫传播病害的蔓延,同时防止高温造成灼伤。

(3)色板诱杀技术。该技术主要是利用害虫对颜色的趋性来达到防控目的的物理防治方法,经济有效。色板一般有黄色、蓝色、橙黄、金黄色、荧光蓝等多种颜色,农户可以根据作物种类和病虫发生情况选择颜色,进行正确悬挂,并及时进行更换。应用时一般每亩 20 ～ 30 块,悬挂式可与作物行垂直或平行,下端距生长点 10 ～ 20 厘米为宜。

(4)灯光诱杀技术。灯光诱杀害虫是利用害虫趋光性进行诱杀的一种物理防治方法，是一项重要的生态农业技术。

（5）性诱剂诱杀技术。性引诱剂是模拟昆虫的雌性信息素的一种仿生产品，可引诱雄虫前来交配，利用这一原理，可设置诱捕器消灭害虫。一般每亩安装3个性诱捕器，诱芯高出作物生长点30～50厘米。

（6）天敌控制技术。目前在蔬菜主要应用的天敌为捕食螨和丽蚜小蜂。

（7）科学使用农药。

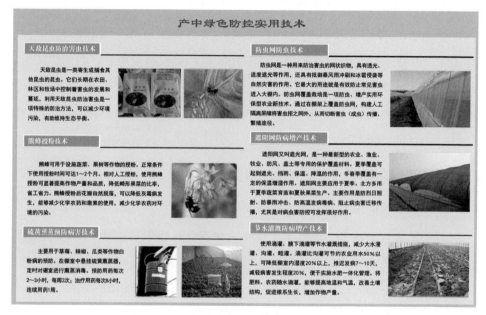

产中绿色防控技术

10. 防虫网在蔬菜上如何使用？

在蔬菜上使用防虫网应遵循以下原则：

（1）合理选用防虫网。防虫网目数增加，网内温度提高，通风通气性能减差。白色网较银灰色网和黑色网内温度高。银灰色具有避蚜作用。因此生产上建议选用较密的防虫网，如40～60目的银灰色网。

（2）采用适当覆盖方式。防虫隔离栽培有全网覆盖和网膜覆盖两种方式。①全网覆盖法，即在棚架上全棚覆盖防虫网，按棚架形式可分为大棚覆盖、中小棚覆盖、平棚覆盖。这种覆盖方式，盖网前先按常规精整田块，下足基肥，同时进行化学除草和土壤消毒，随后覆盖防虫网，四周用土压实，棚管间拉绳压网防风，实行全封闭覆盖。大棚覆盖可栽培小白菜、豇豆等作物，中小棚、平棚等主要用于栽培小白菜等蔬菜。②网膜覆盖法，即防虫网和农膜结合覆盖。这种覆盖方式是棚架顶盖农膜，四周围防虫网。网膜覆盖，避免了雨水对土壤的冲刷，起到保护土壤结构，降低土壤湿度，避雨防虫的作用。

全网覆盖和网膜覆盖均有避虫、防病等作用。但对各种异常天气适应能力不同，应灵活运用。在高温、少雨、多风或强台风频发的夏秋天，应采用全网覆盖栽培。在梅雨季节、或连续阴雨天气可采用网膜覆盖栽培。

（3）实行全程覆盖。防虫网遮光率小，夏秋季节覆盖栽培不会对蔬菜作物造成光照不足影响。为切断害虫为害途径，整个生育时期都要进行防虫网覆盖，要先覆网后播种。盖网前进行土壤深翻。覆网时，防虫网的四周要压严压实，防止害虫潜入产卵。播种前要土壤消毒，杀死残留在土壤中的害虫和虫卵。

11. 保护地如何使用色板（黄、蓝板）诱杀害虫？

悬挂诱虫色板是一项利用蔬菜害虫对颜色的趋向性防治虫害的新技术，主要用来防治蚜虫、斑潜蝇和粉虱等多种害虫。该项技术具有成本低、保护环境、制作方便等特点，在有效杀灭害虫的同时，减少农药施用次数，减少环境污染，提升蔬菜品质。

正确使用色板

为确保使用效果，提醒农户在使用时注意以下几点：

（1）悬挂时间。应在作物苗期和定植后，害虫发生前期至初期开始使用。

（2）颜色选择。种植瓜类、番茄的温室适宜悬挂黄板；种植茄子的温室适宜悬挂蓝板。种植辣（甜）椒的温室适宜黄板、蓝板搭配使用。黄板主要用于诱杀粉虱、有翅蚜虫、斑潜蝇类、潜叶蝇、葱蝇成虫等；篮板主要用于诱杀花蓟马、西花蓟马、葱蓟马等多种蓟马。

（3）悬挂高度。通常在苗棚内以色板底边高出蔬菜作物顶端 5～10 厘米为宜；在生产棚室内以高出 20 厘米左右为宜。太高害虫不容易粘附，太低易被作物遮挡，影响诱集较远处害虫。色板还应随作物生长不断调整高度。

（4）悬挂位置。跨度在 7 米以内棚室，可在棚室中间位置顺向挂置 1 行；跨度在 7～11 米的棚室，可在棚室内按"之"字形悬挂 2 行。

（5）悬挂数量。初期应先悬挂 3～5 片色板，用于监测害虫种类及数量，当虫量较多时，再根据实际情况增加色板数量，通常每亩设置中型板（25 厘米×30 厘米）30 块左右，大型板（30 厘米×40 厘米）25 块左右。

（6）更换处理。色板通常 45 天左右更换一次，但在虫量较多，色板粘满害虫时需及时更换，并妥善处理。

12. 杀虫灯的工作原理是什么？

杀虫灯是利用害虫趋光性进行诱杀的一种物理防治方法。是利用害虫较强的趋光、趋波、趋色、趋性信息的特性，将光的波长、波段、波的频率设定在特定范围内，近距离用光、远距离用波，加以诱导害虫本身产生的性信息引诱成虫扑灯，灯外配以高压电网触杀，使害虫落入灯下的接虫袋内，达到杀灭害虫的目的。

13. 昆虫信息素可分为哪几类？

昆虫信息素主要包括以下 5 类：

（1）性信息素。也称性外激素，俗称"性诱剂"，一般由专门的腺体分泌于体外，能影响同种异性个体产生求偶行为和相应的生理反应。

（2）聚集信息素。引起同种两性的其他个体定向至释放源聚集的挥发性信息化学物质。

（3）示踪信息素。社会性昆虫分泌的，能标示其行踪的信息化学物质，使种内其他个体能追随其行踪，以找到食物或返回巢穴。

（4）告警信息素。由昆虫释放，向同种其他个体通报有敌害来临的挥发性信息化学物质。

（5）产卵信息素。昆虫在其产卵场所、食物源或巢穴附近所留下的、有提示作用的信息化学物质。

14.昆虫信息素引诱剂产品分为哪几类?

昆虫信息素引诱剂产品主要分为农业类、果树类、林业类、卫生类、仓储类、检疫类等，其化学成分主要是性信息素、聚集信息素、植物源挥发物。

15.昆虫信息素迷向产品原理是什么?

迷向产品是将昆虫性信息素置于缓释装置，通过在田间释放高浓度的性信息素，干扰雄虫，使之无法辨别雌虫的方向，雄虫难以找到雌虫，大大降低交配率，且会推迟交配，交配的推迟会迫使雌虫通过消化卵来获得能量，结果是雌虫不能积累足够的卵，虫口密度下降，从而减少对农作物造成的经济损失。

16.昆虫信息素产品是否会把防治区域以外的害虫诱来而增加为害?

信息素产品引诱过来的是雄成虫，既不会取食为害，也不会产卵；绝大部分雄成虫会被捕获，不会增加交配机会，不会增加为害；使用信息素产品时，作物面积越大效果越好，信息素的叠加效应，可更好的捕获防治范围内的雄成虫。

17.昆虫性信息素诱芯及配套诱捕器有哪些作用?

昆虫性信息素诱芯及配套诱捕器的作用是监测和防治害虫。

（1）监测：①监测田间害虫的种类；②测报害虫发生期、发生量、发生范围和消长情况，从而可以指导用药；③作为其他防治效果的监测；④用于检疫害虫监测。

（2）防治：根据害虫发生情况，使用性信息素诱芯配合诱捕器或粘胶板诱捕雄成虫，或是通过诱芯将雄成虫引诱过来，配合农药或病毒将雄成虫杀死，减少雄成虫数量，减少雌雄交配，降低后代虫口密度。

18. 使用昆虫信息素产品时有哪些注意事项？

使用昆虫信息素产品应注意以下事项：

（1）信息素产品尽量大面积连片使用。作物面积较小时，设置信息素产品应该采取"外密内疏"法，做到隔离外围的害虫和诱出内部的害虫。

（2）信息素产品使用前应在阴凉密闭处或是冰箱中冷藏或冷冻保存（不同产品不同要求），保质期18个月，一旦打开包装，应尽快使用并密封保存。

（3）信息素产品引诱的是成虫，所以诱捕器应在成虫期前开始设置。

（4）昆虫触角具有较灵敏的嗅觉系统，所以使用信息素产品前后要洗手，以免污染诱芯，在诱芯储存和使用过程中避免交叉污染。

（5）根据信息素产品的持效期，定期更换诱芯。

（6）运输及使用过程中，防止重压，避免高温。

19. 昆虫信息素产品的使用成本有多少？

昆虫信息素产品在防治初期成本较高，由于其有可重复利用的特点，长期使用可降低虫口基数，减少防控产品的投入，在以信息素为主的综合防治过程中具有明显的防治效果，成本逐年降低，甚至低于化学防治的成本。另外，其不伤害天敌，保护生态环境，具有潜在的社会效益。

20. 北京市正在推广哪些性引诱剂？

北京市正在推广的性引诱剂有小菜蛾性引诱剂（防治甜菜夜蛾）、斜纹夜蛾性引诱剂（防治十字花科、茄科斜纹夜蛾）、棉铃虫性引诱剂（防治棉铃虫）、烟青虫性引诱剂（防治烟青虫）、桃蛀螟性引诱剂（防治桃蛀螟）、玉米螟性引诱剂（防治玉米螟）。

21. 什么是生物农药?

生物农药主要指以动物、植物、微生物本身或者它们产生的物质为主要原料加工而成的农药。生物农药大致可分为植物源农药,如苦参碱、烟碱等;微生物源农药,如苏云金杆菌、白僵菌等;天敌生物农药,如松毛虫、赤眼蜂、捕食螨、丽蚜小蜂等;生物化学农药,如赤霉素、矮壮素等;蛋白或寡聚糖类农药,如香菇多糖、几丁聚糖等;农用抗生类农药,如中生菌素、春雷霉素等。

22. 使用生物农药有哪些好处?

使用生物农药有以下优点:

(1)对人畜比较安全。绝大多数生物农药为低毒或微毒,不易对使用者产生毒害。

(2)更有利于农产品质量安全。生物农药容易分解,不易污染农产品,生产的农产品质量有保证,安全放心。

(3)选择性强,防治对象相对单一。大部分生物农药选择性强,只对防治的病虫害有效,病毒、性诱剂等农药只对相应的病虫害起作用,不伤害蜜蜂、鸟、鱼、青蛙,而且容易分解,用后又回归到了自然界。例如,甜菜夜蛾核型多角体病毒只对甜菜夜蛾起防治作用。

(4)不容易产生抗性。生物农药治标更治本,不容易产生抗药性,使用多年一样有效。

23. 北京市正在推广的生物天敌有哪几种?

北京市正在推广的生物天敌有丽蚜小蜂(防治烟粉虱)、异色瓢虫(防治番茄蚜虫、小麦蚜虫)、巴氏钝绥螨(防治叶螨、蓟马)、智利小植绥螨(防治茄子红蜘蛛、草莓红蜘蛛)、松毛虫赤眼蜂(防治玉米螟)。

24. 如何应用捕食螨防治草莓红蜘蛛?

应用捕食螨防治红蜘蛛可减少化学农药的投入,为生产绿色和有机草莓提供了新途径。那么，如何在温室大棚内用好捕食螨呢？以京郊地区应用较为广泛的巴氏新小绥螨为例，这种捕食螨属于广食性捕食螨类，可捕食以二斑叶螨为代表的多种叶螨和蓟马等小型刺吸性害虫。该螨的包装形式多数为纸袋，里面包含捕食螨卵、若螨、成螨3种螨态。

（1）释放时期：捕食螨应在害螨发生初期、密度较低时释放。一般每叶害螨或害虫数量在2头以内应用效果最佳。天气晴朗、气温超过30℃时宜在傍晚释放，多云或阴天可全天释放。

（2）释放量与次数：全棚害螨发生较轻（每叶螨数≤10头）且分布均匀时，可每亩释放70～100袋（活动态捕食螨200只/袋）。整个生长季节释放1次，如释放后使用化学杀虫剂防治其他虫害，需在用药后10～15天再补充释放1次。棚内叶螨呈点片状发生时，通常在棚口或通道处的植株上叶螨密度大于棚室内侧的植株，这种情况下，可用重点株撒施法进行防治。按照捕食螨∶叶螨为1∶10进行释放。其他发生不严重的区域可少放或不放。释放捕食螨后要持续观察效果，严重植株可在1～2周后再补充释放1次。

（3）释放方法：在温室草莓中释放时，可选用挂袋法或撒施法。挂袋法适用于叶螨发生较轻的情况，其具有持效期长的特点。撒施法适用于叶螨发生较重的情况，其具有速效的特点。可根据草莓叶螨发生的实际情况灵活应用不同的释放方法。①挂袋法。将捕食螨包装袋侧面中部按标

释放捕食螨

示剪口，做为捕食螨的释放出口，再将包装袋上部悬挂孔一侧剪开，可悬挂于植株的茎、叶柄上，避免阳光直射。按规定的释放量将捕食螨袋平均分布在释放区域。②撒施法。将捕食螨包装袋剪开，将巴氏新小绥螨连同培养料一起均匀的撒施于草莓叶片上，2天内不要进行灌溉，以利于洒落在地面的捕食螨转移到植株上。

（4）注意事项：目前已知巴氏新小绥螨不能与阿维菌素、除虫菊酯、多杀菌素、吡螨胺、吡虫啉等农业生产常用的化学药剂同时使用，如需防治其他病虫害，应在专业技术人员指导下使用安全的药剂。捕食螨为生物活体，

不耐贮存，购买后应及时使用，确需贮存时应置于 15 ～ 20℃的阴凉、防雨处。捕食螨产品在推荐的贮存方法下保质期为 10 天，如在 10 天以后使用，请先检查包装袋中的捕食螨数量，再增大相应的亩用量。此外，运输时应避免阳光暴晒，不得与农药、肥料等有害物质同贮同运，不得挤压包装袋。

25. 如何应用丽蚜小蜂防治粉虱？

丽蚜小蜂属于蚜小蜂科，孤雌生殖。吸引丽蚜小蜂去搜索寄主的物质，主要是粉虱所分泌的蜜露，成蜂取食蜜露后可存活28天左右，如无营养补充，成虫不取食只能存活 1 个星期左右，通常在温室中可存活 10 ～ 15 天。产卵的丽蚜小蜂雌蜂以触觉探查粉虱若虫，然后产卵寄生，粉虱若虫不活动的虫态均可被寄生，一般成蜂喜好选择 3 龄若虫期和 4 龄蛹前期的粉虱寄生。在植株上具有粉虱各个虫态时，一般选择适龄虫期进行寄生。寄生后粉虱若虫仍可发育，到 4 龄中期停止，起到防治的效果。

（1）释放时间：温室作物定植 1 周后，开始释放丽蚜小蜂。

（2）释放方法：一是将事先准备好的丽蚜小蜂蜂卡挂在植株中上部分支上。二是丽蚜小蜂分次释放，每隔 7 ～ 10 天释放一次，释放 4 ～ 5 次，每次释放 2 000 ～ 3 000 头 / 亩。丽蚜小蜂羽化后自动寻找温室中的白粉虱幼虫寄生，有效控制白粉虱为害。

（3）注意事项：一是温室白天温度控制在 20 ～ 35℃，夜间控制在 15℃以上。二是控制温室湿度，防止水滴将蜂卡润湿，使丽蚜小蜂窒息或霉变，不能羽化。

26. 如何应用瓢虫防治温室蚜虫？

以往防治蚜虫主要依靠喷洒化学农药，但是大量使用化学农药不仅会造成蚜虫产生抗药性，而且对环境也造成污染，更会加剧农产品质量安全的隐患。现在，人们已经开始寻求更环保高效的防治方法，天敌昆虫——瓢虫正被越来越多的应用到蚜虫的防治上。

（1）释放时期：①黄板监测。出现两头蚜虫即开始防治。②人工观察。作物定植后每天观察，一旦植株上发现蚜虫，即应开始防治。

（2）释放数量与次数：建议在作物的整个生长季节内，释放 3 次瓢虫。预防性释放，以温室大棚为例，每棚每次释放 100 张卵卡，约 2 000 粒卵。治疗性释放，需根据蚜虫发生数量进行确定，一般瓢虫与蚜虫的比例应达到 1：（30～60），以蚜虫"中心株"为重点进行释放，2 周后再释放一次。

（3）释放方法：①释放卵。傍晚或清晨将瓢虫卵卡悬挂在蚜虫为害部位附近，以便幼虫孵化后，能够尽快取食到猎物，悬挂位置应避免阳光直射。②释放幼虫或成虫。将装有瓢虫成虫或幼虫的塑料瓶打开，将成虫或幼虫连同介质一同轻轻取出，均匀撒在蚜虫为害严重的枝叶上。

释放瓢虫　　　　　　　　　　　　　利用瓢虫防治蚜虫

（4）注意事项：瓢虫各虫态对杀虫杀螨剂均十分敏感，建议在释放瓢虫的前后 15 天内避免使用杀虫杀螨剂。瓢虫属于活体商品，产品不宜长时间贮存；搬运或释放时轻拿轻放，以免对瓢虫造成人为伤害；释放时禁止将包装盒置于地面，以防蚁类侵害和人为操作造成损失。

释放后 10 天内应减少园艺和农事操作，降低瓢虫受损量。

27. 温室晚秋茬番茄如何用好熊蜂授粉？

随着绿色防控技术的推广，京郊蔬菜绿色防控种植基地正采用熊蜂授粉替代激素蘸花，不仅减少了化学激素的使用，使生产的番茄更加绿色安全，保护了生态环境，而且熊蜂授粉还减少了人工成本，结出的果实饱满、大小均匀、形状色泽好，受到消费者的青睐。在这里介绍一下熊蜂授粉的使用技术，方便该技术的使用和推广。

（1）放蜂数量：一箱熊蜂可用于 1 亩地番茄授粉，当棚室面积超过 1.3 亩地后增加到 2 箱。

（2）放蜂时间：多于 25% 的番茄开花后，开始使用熊蜂。

（3）放蜂位置：秋季、冬季蜂箱摆放要高于作物或者放置在棚室过道处，蜂箱进出口不能有遮挡物。

（4）蜂群合适的授粉条件：温度为 12 ～ 30℃，湿度为 50% ～ 90%。

（5）确认授粉成功标志：熊蜂授粉后会在花柱上留下棕色的印记（称为"吻痕"），一般授粉 36 小时以后吻痕标记已比较明显，熊蜂授粉要定期检查，一周最少 2 次，70% 以上花朵出现褐色吻痕可视为正常访花。

熊蜂授粉

（6）农药使用：杀虫剂对熊蜂的影响很大，使用时要将蜂箱搬到棚外，过间隔期以后再将熊蜂放回棚室，具体农药的间隔期请咨询技术人员。尽量选择对熊蜂毒性低的农药。吡虫啉、高效氯氰菊酯类农药持效期长，放蜂期间不宜使用。

28. 如何正确使用寡雄腐霉？

寡雄腐霉是自然界中存在的一种攻击性很强的寄生真菌，能在多种农作物根围定殖，不仅不会对作物产生致病作用，而且还能抑制或杀死其他致病真菌和土传病原菌，诱导植物产生防卫反应，减少病原菌的入侵；同时，寡雄腐霉产生的分泌物及各种酶，是植物很好的促长活性剂，能促进作物根系发育，提高养分吸收。

使用方法：

（1）拌种。作物播种前，取寡雄腐霉1克对水1千克，一般可拌种20千克，将待拌的种子放入大容器中，用喷雾器将稀释液均匀喷施到种子上，边喷边搅拌使种子表面全部湿润，拌匀晾干后即可播种。拌种能够杀灭种皮内的病原菌及孢子，减少病害侵入。

（2）浸种。播种前根据种子实际用量，将寡雄腐霉稀释为10 000倍液，以浸没种子为宜。根据种子种皮的厚薄、干湿程度掌握好浸种时间，然后播种。浸种时间因种皮厚薄、吸胀能力强弱和气温差异而有所不同。蔬菜、小麦等种子浸泡5～10小时，水稻、棉花等硬壳种子需浸24小时以上。浸种能促进种子发芽率，增强幼苗发根能力，培养壮苗，减少病害侵入。

（3）苗床及土壤喷施。苗床及土壤喷施寡雄腐霉，可以有效防治猝倒病、立枯病、炭疽病等多种苗期病害发生，还可提高苗床土壤内有益菌活性，促进幼苗根系发育，培养壮苗。

（4）灌根。作物大田定植后使用寡雄腐霉灌根2～3次，每次间隔7天左右，可有效杀灭作物根系土壤内的病原真菌，预防立枯病、炭疽病、枯萎病等苗期病害的发生。

（5）喷施。从作物花期开始叶片喷施，能有效预防白粉病、灰霉病、霜霉病等多种真菌性病害，还能促使作物提高系统抗性，增强抵御病害的能力；另外，作物病害发生初期喷施寡雄腐霉，可以有效杀灭病害，防治病害蔓延。

（6）蘸花。可以提高作物坐果率，预防果实病害。

注意事项：

（1）寡雄腐霉是活性真菌孢子，不能和化学杀菌剂类产品混合使用。化学杀菌剂会杀灭寡雄腐霉产品中的有效成份；喷施化学杀菌剂后的作物，在药效期内禁止使用寡雄腐霉；使用过化学杀菌剂的容器要充分清洗干净后方可使用寡雄腐霉。

（2）喷施寡雄腐霉的喷洒面要彻底，植株、叶片两面、花和果都应喷到，部分液体应下渗到根；喷施要选择在晴天无露水、无风条件下及雨后，上午9时前、下午16时后进行，不宜在太阳暴晒或下雨前使用。

（3）寡雄腐霉可与氨基酸肥、腐殖酸肥、其他有机肥以及杀虫剂混合使用。

（4）寡雄腐霉应贮存在干燥、阴凉、通风、防雨处，保质期2年。

29. 利用甜菜夜蛾核型多角体病毒可以有效控制甜菜夜蛾吗？

可以的。甜菜夜蛾核型多角体病毒是利用现代生物技术，从染病死亡的甜菜夜蛾体内提取而来的。该产品是纯生物产品，正常使用技术条件下对人畜和作物低毒、低抗性风险，对甜菜夜蛾有很好的防治效果。病毒进入害虫体内后迅速大量复制，破坏害虫的正常生理功能，导致害虫染病而亡，病死虫的尸体腐烂后又可释放出新的病毒，感染其他健康虫和下代虫，在害虫种群中引发"虫瘟"，最终达到有效控制害虫种群数量和为害的目的。

30. 利用硫黄熏蒸技术可以防治设施蔬菜白粉病吗？

白粉病是冬春季节设施草莓、辣椒、瓜类等蔬菜生产中常见的一种病害。常规防治是药剂喷雾法，但喷雾增加了棚室内湿度，在一定程度上反而有利于病害发生。另外，多数病害是从叶片背面侵染，喷雾法难以保证药剂在叶片背面沉积分布，因此防治效果不理想。

近年来将硫黄熏蒸技术作为一项绿色防控技术用于设施蔬菜白粉病的防治，其优点是操作简便，省工省时，升华的硫黄粒子能均匀分布在靶标正反两面，提高防治效果，同时能够减少化学农药用量和施药用水量。生产中一般使用电热硫黄熏蒸器将固态硫黄升华为硫黄粒子，分散沉积到一定范围空间内，起到杀菌作用。硫黄对人畜低毒，对蜜蜂几乎无毒，是有机食品生产中允许使用的植物保护产品。

31. 如何正确使用电热硫黄熏蒸器？

电热硫黄熏蒸器应按如下方法正确使用：

（1）数量控制在每亩5～8个。研究表明熏蒸器有效熏蒸距离为6～8米，覆盖范围为60～100平方米，田间使用时熏蒸器间距可设为12～16米。

硫黄熏蒸

（2）高度距地面 1.5 米。熏蒸器在这个高度时硫黄粒子在水平靶标背面的沉积密度相对较高，有利于作用于靶标作物叶片背面的病原菌。熏蒸器不能距棚膜太近，以免棚膜受损。

（3）位置距后墙 3～4 米。受重力影响，距离熏蒸器 1～3 米处沉积的硫黄粒子多，随距离增大，沉积的粒子密度变小。棚室南北跨度一般为 8 米，因此将熏蒸器放在中间位置将有利于硫黄粒子的扩散。

（4）熏蒸时间为 18 时至 22 时。选择这个时间段熏蒸既保障人员安全又能实现全棚密闭，还可以避开中午气温较高时段，以免对作物造成药害。熏蒸结束后，保持棚室密闭 5 小时以上，再进行通风换气。

（5）每次用硫黄 20～40 克。硫黄投放量不要超过钵体的 2/3，以免沸腾溢出。需要注意的是棚室内电线和控制开关应有防潮和漏电保护功能。

32. 蔬菜植株残体无害化处理技术有哪些?

蔬菜植株残体无害化处理技术主要包括如下几项：

（1）太阳能臭氧农业垃圾处理站无害化处理。太阳能臭氧农业垃圾处理站，是以太阳能为能源，利用臭氧强杀菌功能对植株残体所带病虫彻底杀灭后做有机肥料利用。处理站由处理熔池、臭氧发生系统、臭氧输送与传输系统、垃圾前处理系统、太阳能供电系统和自动控制等系统构成。熔池为水泥钢筋结构，容积大于等于 30 立方米，每个处理站可以辐射 1 000 亩地，减少覆盖园区的农业生产垃圾污染以及植株残体所带病虫的传播。

（2）移动式臭氧农业垃圾处理车无害化处理。蔬菜采收结束，将移动式臭氧农业垃圾处理车开到棚室边，将拉秧后带病虫的植株残体粉碎后送到臭氧处理车内，将所带病虫全部灭杀后，无病虫有机废弃物就地还田利用。

（3）废旧棚膜高温密闭堆沤无害化处理。不同时期按一定面积设置蔬菜植株残体堆沤发酵处理专用水泥地，放入蔬菜植株残体后盖透明塑料膜，或在田间地头向阳处将蔬菜植株集中后覆盖透明塑料膜进行高温发酵堆沤，透明膜四周压实。堆沤时间根据天气情况决定，天气晴好气温较高，堆沤 10～20 天，阴天多雨则需适当延长。

产后蔬菜残体无害化处理

蔬菜植株残体处理得当可使富含有机质、矿物质等营养成分的植株残体可以转化为有机肥料还田，同时也避免污染生活环境，铲除病虫害孳生和繁衍的场所

蔬菜残体粉碎　蔬菜残体收集　发酵场所整理

移动式臭氧农业垃圾处理车　堆置

还田利用　发酵管理

蔬菜残体无害化处理

33. 蔬菜植株残体科学处理的好处有哪些?

如果蔬菜植株残体随意丢弃在田间、路边、河道等处，不但会污染生活环境，而且也会为某些病虫害的滋生和繁衍提供场所，助长了蔬菜病虫害的发生、积累与蔓延，从而增加了蔬菜生产成本，不利于蔬菜的生产。如果蔬菜残体处理得当，这些富有矿物质、有机质等营养成分的植株残体可以转化为有机肥料还田，从而降低了蔬菜生产成本。

34. 应用赤眼蜂防治玉米螟要注意哪些事项?

应用赤眼蜂防治玉米螟要注意以下事项:

（1）农户领到蜂卡后要在当日的上午放出，不可久储。遇到小雨时可以释放，遇大雨不能放蜂，可暂时储存，选择阴凉通风的仓库，把蜂卡分散放置，切勿与农药放在一起，雨停后再放。

（2）用手撕蜂卡，不能用剪子。撕蜂卡时掉下的卵粒，要收集起来，用胶水粘到白纸上。

（3）挂卡时，叶片不可卷得过紧，以免影响出蜂，更不可放到玉米心叶里或随意夹在叶腋上，以免蜂卡失效。

（4）蜂卡挂到田间后，经2～3天陆续出蜂，在出过蜂的卵壳上可见圆形的羽化孔。

（5）不能用大头针等物别蜂卡，以防收获时扎伤玉米采收人员或做饲料时扎伤牛胃，发生事故。

（6）释放时要根据风向、风速设置点位，如风大时，应在上风口适当增加布点或释放量，下风口可适当减少。

（7）放蜂的玉米田，放蜂前4天，放蜂后20天内不准使用杀虫剂。

35. 如何使用粘虫带？

粘虫带主要根据害虫具有越冬、趋光、趋色，以及上树取食枝叶、花、果实或下树取食根茎等生活习性，并且都会有沿树干往上或往下爬行这一特点研制。主要用于果园、公园、花卉苗圃、绿化带、森林等林木上。

粘虫带的使用方法如下：

（1）在3—4月和8—10月这两个时间段内应及时使用，使用时在树干分枝以下离地面50～100厘米处（根据不同林木缠绕高度有所差异）。

（2）先剔除树干上的一圈宽度8～10厘米的老皮，然后将粘虫带无胶面贴着树干缠绕一圈。

（3）接合缝镶嵌2厘米左右即可（根据树干粗细接合处镶嵌宽度做适当调整，以防掉落）。

（4）粘虫胶带要在早春害虫上树前和害虫发生初期使用，否则将会影响产品使用效果。

八、农产品质量安全

1. 什么是农产品和农产品质量安全？

依据《中华人民共和国农产品质量安全法》第二条的规定，本法所称农产品，是指来源于农业的初级产品，即在农业活动中获得的植物、动物、微生物及其产品。本法所称农产品质量安全，是指农产品质量符合保障人的健康、安全的要求。

2. 农业投入品包括哪些？

农业投入品是指在农业和农产品生产过程中使用或添加的物质，主要包括农用生产资料产品和农业设施设备两类。农用生产资料产品分为生物投入品和化学投入品。生物投入品主要包括种子、苗木、微生物制剂（包括疫苗）、天敌生物和转基因种苗等；化学投入品主要包括农药（包括生物源农药）、兽药、动物激素、抗生素、保鲜剂等。农业设施设备主要包括农机具、农膜、温室大棚、灌溉设施、养殖设施、环境调节设施等。

3. 影响农产品质量安全的因素有哪些？

农业生产是一个开放的系统。根据来源不同，影响农产品质量安全的危害因素主要包括农业种养殖过程可能产生的危害、农产品保鲜包装贮运过程可能产生的危害、农产品自身的生长发育过程中产生的危害、农业生产中新技术应用带来的潜在危害4个方面。

（1）农业种养殖过程可能产生的危害：包括因投入品不合理使用或非法使用造成的农药、兽药、硝酸盐、生长调节剂、添加剂等有毒有害残留物，产地环境带来的铅、镉、汞、砷等重金属元素，石油烃、多环芳烃、氟化物等有机污染物，以及六六六、滴滴涕等持久性有机污染物。

（2）农产品保鲜包装贮运过程可能产生的危害：包括贮存过程中不合理或非法使用的保鲜剂、催熟剂和包装运输材料中有害化学物等产生的污染。

（3）农产品自身的生长发育过程中产生的危害：如黄曲霉毒素、赤霉素、沙门氏菌、禽流感病毒等。

（4）农业生产中新技术应用带来的潜在危害：如外来物种侵入等。

4. 如何保障农产品质量安全？

农产品质量安全是一个复杂的系统，涉及从产地到餐桌的多个环节。根据生产过程先后，农产品质量安全保障应当通过产地环境清洁、生产过程检测、产品质量检测、包装贮运过程可靠、产品履历可追溯、法规标准认证有保障，以及实行农产品质量安全全程监管和风险评估等方面来实现。

（1）产地环境清洁。土壤质量、圈舍条件、水源、空气等环境质量因子符合国家有关标准或认证要求。

（2）生产过程控制。在生产过程采取的农业措施和农业投入品要符合有关标准和要求。

（3）产品质量检测。农产品上市流通前应进行定期、不定期抽样检测。

（4）包装贮运过程可靠。农产品采用的包装物、初级加工措施、贮藏和运输条件应符合有关法规标准要求。

（5）产品履历可追溯。建立农产品生产和流通履历记录，为产品质量追溯提供依据。

（6）法规标准认证有保障。建立健全农产品质量法律法规和标准体系，推广农产品"三品一标"（无公害农产品、绿色食品、有机食品和农产品地理标志）认证，为农产品质量评价提供依据。

5.《中华人民共和国农产品质量安全法》对产地环境有哪些要求？

《中华人民共和国农产品质量安全法》对产地环境相关规定如下：

第十五条 县级以上地方人民政府农业行政主管部门按照保障农产品质量安全的要求，根据农产品品种特性和生产区域大气、土壤、水体中有毒有害物质状况等因素，认为不适宜特定农产品生产的，提出禁止生产的区域，报本级人民政府批准后公布。具体办法由国务院农业行政主管部门商国务院环境保护行政主管部门制定。

农产品禁止生产区域的调整，依照前款规定的程序办理。

第十六条 县级以上人民政府应当采取措施，加强农产品基地建设，改善农产品的生产条件。

县级以上人民政府农业行政主管部门应当采取措施，推进保障农产品质量安全的标准化生产综合示范区、示范农场、养殖小区和无规定动植物疫病区的建设。

第十七条 禁止在有毒有害物质超过规定标准的区域生产、捕捞、采集食用农产品和建立农产品生产基地。

第十八条 禁止违反法律、法规的规定向农产品产地排放或者倾倒废水、废气、固体废物或者其他有毒有害物质。农业生产用水和用作肥料的固体废物，应当符合国家规定的标准。

第十九条 农产品生产者应当合理使用化肥、农药、兽药、农用薄膜等化工产品，防止对农产品产地造成污染。

6. 农产品生产档案记录有哪些要求?

农产品生产企业和农民专业合作经济组织建立的农产品生产记录，必须载明3个方面的内容：一要详细记载生产活动中所使用过的农业投入品的名称、来源、用法、用量、使用日期、停用日期；二要详细记载生产过程动物疫病、植物病虫草害的发生、防治情况；三要如实记载种植业产品收获、畜禽屠宰、水产捕捞的日期。农产品生产记录必须要保存两年，以便质量安全问题的追溯和生产过程等问题的追查。

7. 哪些农产品不得上市销售?

依据《中华人民共和国农产品质量安全法》第三十三条的规定，有下列情形之一的农产品不得销售：

（1）含有国家禁止使用的农药、兽药或者其他化学物质的；

（2）农药、兽药等化学物质残留或者含有的重金属等有毒有害物质不符合农产品质量安全标准的；

（3）含有的致病性寄生虫、微生物或者生物毒素不符合农产品质量安全标准的；

（4）使用的保鲜剂、防腐剂、添加剂等材料不符合国家有关强制性的技术规范的；

（5）其他不符合农产品质量安全标准的。

8. 什么是农药安全间隔期？

农药安全间隔期是指最后一次施药至产品收获（采摘）前的这段时间。也就是自喷药后到农药残留量逐渐降低到最大允许残留量所需的间隔时间。果蔬等作物施用农药时，最后一次喷药与收获之间的时间间隔必须大于安全间隔期，以防产生农药残留超标。

9. 植物生长调节剂有安全间隔期吗？

植物生长调节剂也是农药中的一类，也有安全间隔期，但与杀虫剂、杀菌剂、除草剂等农药相比，植物生长调节剂用量小、速度快、效益高、残毒少，大部分作物一季只需按规定时间喷用 1 次。

10. 植物生长调节剂会产生药害吗？

植物生长调节剂，是用于调节植物生长发育的一类农药，包括人工合成的化合物和从生物中提取的天然植物激素，生长调节剂的使用可影响和有效调控植物的生长和发育，包括从细胞生长、分裂，到生根、发芽、开花、结实、成熟和脱落等一系列植物生命全过程。按照登记批准标签上标明的使用剂量、时期和方法，使用植物生长调节剂对人体健康一般不会产生药害。

11. 什么是农药残留？

使用农药防治病虫草害时，农药会附着在作物表面或进入作物体内，采收后仍然保留在作物表面或作物体内的现象叫做农药残留，农药残留的数量值称为农药残留量。为保证农产品质量，对于每一大类作物（蔬菜）甚至每一种作物（蔬菜）的不同部位，国家都规定了允许的农药残留量。目前，我国参照 GB 2763—2014《食品安全国家标准　食品中农药最大残留限量》执行。

12. 为什么要做好农产品农药残留检测工作?

一方面，农药残留检测作为一种检测手段，对保护环境、评价产品质量、保证食品安全、保障贸易往来，有不可替代的作用；另一方面，作为农产品保障链条的一个环节，且是终端环节，这是农产品质量安全的最后一道防线。作为一种技术，可以发现潜在的隐患，向上可追溯来源，向下可评估其为害。通过对农产品中农药残留量及时、准确的分析检测，从而监控农药的合理使用，杜绝农药残留超标的产品上市销售。

13. 引起蔬菜农药残留超标的因素有哪些?

引起蔬菜农药残留超标的主要因素如下:

（1）种植者法律意识淡薄，违反国家相关法律法规规定，使用国家明令禁止使用的禁限用农药。

（2）种植者随意增加农药使用量与使用次数。

（3）违背农药安全间隔期采收。由于农民受利益驱动，常违背农药安全间隔期提前收获，采收时不考虑是否超过安全间隔期而按市场行情确定。

科学用药防止农药残留超标

14. 农产品质量安全检测常用的技术有哪些?

农产品质量安全检测常用技术主要分为快速检测技术和实验室确证技术两大类。常用的快速检测技术一般有化学比色检测技术、酶抑制技术、生物传感器技术、免疫学技术、分子生物学技术以及生物芯片技术等。常用的实验室确证技术主要有原子吸收光谱技术、原子荧光光谱技术、液相色谱技术、气相色谱技术、质谱技术以及液质、气质联用技术等。

15. 农药残留快速检测方法有哪些?

常见的快速检测方法主要有 3 类:①通过检测原理创新而比传统检测方法缩短时间的方法,如乙酰胆碱酯酶抑制法、酶联免疫法、生物传感器法、分子印记法等;②通过简化程序和提高效率而缩短时间的方法,如 SPE 固相萃取法分离目标农药、ASE 快速溶剂萃取法提取目标农药等;③采用自动化、信息化或一体化设计而提高效率的方法,如流动注射仪代替化学滴定法测定多种无机农药、自动进样器等。

16. 导致农药残留超标的原因是什么?

农产品中农药残留超标的原因有很多,其中最主要的原因就是农药使用不合理。根据《农药管理条例》及《农药管理条例实施办法》,使用农药应遵守国家有关农药安全合理使用的规定,不得使用未登记的农药、国家明令禁止生产或者撤销登记的农药。同时规定,经登记后可在指定作物上使用某种农药,并对每一种可允许使用的农药如何使用都作出了规定,包括允许使用的作物、农药品种和剂型、使用时间、使用方法、使用次数、使用量、使用间隔期、安全间隔期等。只要按以上规定或标准使用农药,农产品中的农药残留一般就不会超标。

在农业生产实际中,有个别农户会在蔬菜等作物上使用国家明令禁止使用的高毒农药,或超量、超范围使用允许使用的农药,或使用农药后不到安全间隔期就采收,从而导致农产品中的农药残留超标现象的发生。

农产品中农药残留超标还可能会有其他原因。一是农药本身引起的问题,如使用的农药中含有其他农药成分，某些农药可代谢转化为更高毒性的其他农药。二是环境污染引起的问题，如周围农田使用农药后产生的药液飘移，上茬作物使用后的农药残留。

17. 控制农药残留的方法有哪些？

可采取以下措施控制农药残留：

（1）正确使用农药。各级农业技术推广部门应当指导农民按照《农药安全使用规定》和《农药合理使用准则》等有关规定使用农药。

（2）加强技术指导。引导农民合理使用农业防治、物理防治、生物防治等方法，有效减少农药使用量。

（3）农业行政主管部门应制定行之有效的管理制度，开展对农残的监督检查。

（4）大力推广高效、低毒、低残留农药品种。

18. 哪些机构可以进行农产品质量安全检测？

依据《中华人民共和国农产品质量安全法》第三十五条的规定，农产品质量安全检测应当充分利用现有的符合条件的检测机构。从事农产品质量安全检测的机构，必须具备相应的检测条件和能力，由省级以上人民政府农业行政主管部门或者其授权的部门考核合格。具体办法由国务院农业行政主管部门制定。农产品质量安全检测机构应当依法经计量认证合格。

19. 农产品质量认证主要包括哪些？

我国安全优质农产品认证主要有无公害农产品认证、绿色食品认证、有机产品认证和农产品地理标志登记 4 种类型，简称"三品一标"。

其中，无公害农产品突出安全因素控制；绿色食品既突出安全因素控制，又强调产品品质营养；有机食品注重对影响生态环境因素的控制；农产品地理标志强调产品地域品质。

20. 什么是无公害农产品？

无公害农产品是指产地环境、生产过程和产品质量均符合国家有关标准和规范的要求，经认证合格获得认证证书并允许使用无公害农产品标志的未经加工或者初加工的食用农产品。

无公害农产品标志

无公害农产品标志图案主要由麦穗、对勾和无公害农产品字样组成。麦穗代表农产品，对勾表示合格，金色寓意成熟和丰收，绿色象征环保和安全。

无公害农产品认证证书有效期限为 3 年，期满需要继续使用的，应在有效期满 90 日前按照《无公害农产品管理办法》规定的无公害农产品认证程序，重新办理。

21. 无公害农产品对农药使用有什么要求？

按照国家法律法规，针对病虫草害或靶标，合理选择农药产品；严格执行安全间隔期的规定；不得使用国家禁止使用的农药产品，不得使用过期农药。

22. 什么是绿色食品？

绿色食品是指产自优良的生态环境，按照绿色食品标准生产、实行全程质量控制并获得绿色食品标志使用权的的安全、优质食用农产品及其相关产品。绿色食品又分 A 级绿色食品和 AA 级绿色食品。

绿色食品标志图是指"绿色食品""GreenFood"、绿色食品标志图这三者相互组合。其中绿色食品标志图由 3 部分构成，即上方的太阳、下方的叶片和中心的蓓蕾。标志为正圆形，意为保护、安全。整个图形描绘了一幅明媚阳光照耀下的和谐生机，告诉人们绿色食品正是出自纯净、良好生态环境的安全无污染食品，能给人们带来蓬勃的生命力。绿色食品标志图还提醒人们要保护环境，通过改善人与环境的关系，创造自然界新的和谐。

绿色食品标志使用证书有效期为 3 年。在此期间，绿色食品生产企业须接受中国绿色食品发展中心委托的监测机构对其产品进行抽测，并履行《绿色食品标志使用协议》。期满若继续使用绿色食品标志，须于期满前半年内重新申请手续。

绿色食品标志组合方式

23. 绿色食品对农药等生产资料使用上有哪些要求？

绿色食品在生产、加工过程中按照绿色食品的标准，禁用或限制使用化学合成的农药、肥料、添加剂等生产资料及其他有害于人体健康和生态环境的物质，并实施从土地到餐桌的全程质量控制。

24. 什么是有机产品？

指来自有机农业生产体系，按照 GB/T 19630—2011《有机产品》相关生产要求和标准生产、加工并通过独立有机产品认证机构认证的供人类消费、动物使用的产品，包括食用（初级及加工）农产品、纺织品及动物饲料等，有机农业是一种完全不用或基本不用人工合成的化肥、农药、生长调节剂和饲料添加剂的生产体系。

中国有机产品与中国有机转换产品标识

中国有机产品标识的图案由 3 部分组成，外围的圆形、中间的种子和周围的环形线条。外围的圆形形似地球，象征和谐、安全；圆形中的"中国有机产品"字样为中英文结合方式，即表示中国有机产品与世界同行，也有利于国内外消费者识别；种子的图形代表生命萌发之际的勃勃生机，象征了有机产品是从种子开始的全过程认证，同时昭示出有机产品就如刚刚萌发的种子，正在中国大地上茁壮成长。

25. 有机农产品对农药等生产资料使用有哪些要求？

有机农业是遵循自然规律和生态学原理，协调种植业和养殖业的平衡，采用一系列可持续发展的农业技术，维持持续稳定的农业生产过程。有机农业在生产中不采用基因工程获得的生物及其产物，不使用化学合成的农药、化肥、生长调节剂、饲料添加剂等物质。

26. 什么是农产品地理标志？

地理标志产品是指产自特定地域，所具有的质量、声誉或其他特性本质上取决于该产地的自然因素和人文因素，经审核批准以地理名称进行命名的产品。

中国地理标志保护产品标识

27. 如何看待反季节蔬菜？

所谓反季节蔬菜，是指在温室、大棚等设施条件下生产出来的非当季蔬菜。反季节蔬菜是对当季蔬菜的有益补充，有利于丰富蔬菜市场，满足消费者对蔬菜多样化和均衡营养的需求。

其实蔬菜的安全与否和栽培季节无关。在食用安全性上，有人认为反季节蔬菜不安全，原因是设施条件下温度、湿度、光照等条件与露地不同，易发生虫害。这种观点有失偏颇，不够科学和客观。实际上，无论当季蔬菜，还是反季节蔬菜，只要栽培环境未受到污染，病虫害防治到位，农药和肥料使用科学、合理，生产出来的蔬菜都是安全的，完全可以放心食用。特别是反季节蔬菜生产中防虫网、黄板诱杀、二氧化硫熏蒸、生物防治等技术的应用，使得化学农药用量大幅减少。

28. 催熟过的水果安全吗?

催熟水果，顾名思义，就是指使用非自然的特定条件使水果加快成熟过程，一般采用一些化学物质，如乙烯、乙烯利等。乙烯是气体，使用起来显然不方便，现在一般用的是一种叫做"乙烯利"的药剂。它本身跟乙烯是完全不同的化学药剂，最后会在植物体内转化成乙烯，低浓度的乙烯利安全无害，所以不用担心"催熟"的水果有害健康。

29. 西瓜开裂与植物生长调节剂有关吗?

膨大剂是一种植物生长调节剂，使用于西瓜等水果和蔬菜，可通过促进生长和提高坐果率等作用从而达到增产目的。植物生长调节剂只要按使用说明书的要求规定使用，不会对瓜果产生任何不良影响，但如过量使用或使用时期不正确就有可能造成或促进西瓜炸裂。然而，瓜果爆裂的主要原因往往不是使用植物生长调节剂所致，而是气候异常和栽培管理不当引起。

30. 用了植物生长调节剂对水果、蔬菜外观和口感有影响吗?

植物生长调节剂可以通过促进或抑制茎、叶、根、芽、花的生长或果实成熟，起到保花保果或疏花疏果、提前或延长休眠、促进果实增大等作用，达到提高产量、改善品质、促进成熟等目的，所以用了植物生长调节剂的水果、蔬菜在外观和口感上都非但不输于正常生长的作物，而且还略好。

31. 如何看待植物生长调节剂?

植物生长调节剂是一类具有与天然植物激素相同或相类似活性的化学物质，由人工合成或通过微生物发酵产生，也可从生物体中直接提取，又称植物外源激素。它们通过对农作物生长发育的调节和控制作用，达到高产、优质、高效、提早上市等目的。植物生长调节剂有时可发挥特效以解决某些生产问题，如大棚种植番茄由于缺少授粉蜜蜂而影响到坐果，用其点花可代替昆虫授粉以提高座果率，确保产量。

植物生长调节剂虽然属于农药中的一类，但与杀虫剂、杀菌剂、除草剂等农药相比，它们对高等动物的毒性较低，一般都是低毒。同时，它们的使用量较低，对农产品和环境的残留污染影响也较小，并且生产上一般不会出现超量使用情况。

32. 日常生活中如何去除农产品中的农药残留？

日常生活中可采取如下方法去除农产品中的农药残留：

（1）贮存法。农药在存放过程中随时间推移，能够缓慢地分解为对人体无害的物质。所以对易于保存的农产品可通过一定时间的存放，减少农药残留量。

（2）流水冲洗法。对于叶菜类农产品，如菠菜、空心菜、韭菜、生菜、小白菜等，一般需要用流动的水冲洗2～3遍后，再用浸泡法进行清洗，注意不要在清水中浸泡时间过长。

（3）用淘米水洗。将农产品在淘米水中浸泡10分钟左右，再用清水洗干净，能除去残留在蔬菜中的部分农药。

（4）碱水浸泡法。有机磷农药在碱性条件下易分解，此法可用于各类农产品清洗。方法是先将农产品表面冲洗干净，再用10～20克／升的碱面水浸泡10～15分钟，然后用清水冲洗3～5遍。

（5）去皮法。对可以去皮的农产品，如黄瓜、瓠子、冬瓜、南瓜、西葫芦、茄子等瓜果蔬菜，削皮是一种较好的去除残留农药的方法。

（6）焯烫加热法。对芹菜、菠菜、小白菜、辣椒、菜花、豆角等蔬菜，可通过加热去除部分农药。先用清水将表面污物洗净，放入沸水中2～5分钟捞出，然后用清水洗1～2遍。

（7）使用专用洗涤剂。这是一种较为有效的方法，比较适合瓜果类蔬菜农产品。专用洗涤剂必须是质量可靠厂家的产品，清洗时也要冲干净洗涤剂，否则易产生二次污染。

（8）使用"比亚果蔬农药降解酶"。用其清洗蔬菜，可有效降解农产品上残留的农药。"比亚蔬菜瓜果农药降解酶"能将农产品表面的有机磷农药大分子降解为无毒可溶于水的小分子，从而达到祛除农药残留的目的。

去除农产品中的残余农药的最好方法，是将以上几种方法同时使用：用贮存法后，先用流动的自来水冲洗 2 ～ 3 遍，再采取去皮法或碱水浸泡法、焯烫加热等。

33. 什么是农产品质量安全追溯?

农产品质量安全追溯是利用现代化管理手段和信息技术对农产品进行标识，保证每个农产品都有相对应的独立标识，记录该农产品在生产、加工、贮存、运输、销售等环节的信息，一旦农产品出现问题，可以准确无误地追究相关人员的责任。

34. 乡镇农产品质量安全监管机构有哪些职责任务?

乡镇农产品质量安全监管机构要从源头上保证农产品质量安全。其职责任务主要有以下 4 项：

（1）定期组织农产品质量安全法律法规知识宣传、教育和培训，通过多种形式提高生产经营者质量安全意识和诚信守法意识。

（2）组织开展农产品质量安全控制技术示范，推广农民群众看得懂、会使用的农产品安全生产技术要求和操作规程，普及科学种养知识和安全生产技术。

（3）承担对种植、养殖过程的督导巡查工作，重点对农药、兽药、肥料、饲料和饲料添加剂等投入品使用情况进行检查，严防禁用药物和有毒有害物质流入生产环节，督促指导生产经营企业和农民专业合作社建立生产经营档案记录。

（4）对产地农产品进行快速检验监测，协助开展农产品质量安全认证、产地准出和质量追溯等工作。收集、报送农产品质量安全信息，配合开展农产品质量安全事故的应急处置。指导农资经营门店建立进货查验和销售档案记录，受理假劣农资投诉举报。完成县级以上农业行政主管部门和乡镇人民政府交办的农产品质量安全相关工作。

35. 农产品和食品生产者应承担哪些法律责任？

农产品和食品生产者应对所生产的农产品质量负责，依据不同情况分别承担民事责任、刑事责任和行政责任。

民事责任：农产品和食品生产者所生产的农产品和食品因质量问题等问题造成消费者人身或经济损失又不构成刑事责任的，依据《中华人民共和国产品质量法》《中华人民共和国消费者权益保护法》《中华人民共和国食品安全法》等法律法规，应当对受害人所造成的损失进行经济赔偿。

刑事责任：农产品和食品生产者生产、销售和使用国家禁止生产、销售和使用的农产品和食品，依据《中华人民共和国刑法》《最高人民法院、最高人民检察院关于办理危害食品安全刑事案件适用法律若问题的解释》等法律法规，追究当事人刑事责任。

行政责任：农产品和食品生产者未按照有关法律法规规定生产农产品和食品，依据《中华人民共和国食品安全法》《中华人民共和国行政处罚法》等法律法规，需承担责令停产停业、罚款、没收违法所得等行政处罚责任。

36. 农产品质量安全监管主要包括哪些制度？

根据《中华人民共和国农产品质量安全法》的规定，农产品质量安全监管主要包括以下几项制度：

（1）各级政府及其农业部门以及其他相关职能部门相互配合的管理体制；

（2）农产品质量安全信息发布制度；

（3）农产品生产档案记录制度；

（4）农产品包装与标识制度；

（5）农产品质量安全产地准出制度；

（6）农产品质量安全监测和监督检查制度；

（7）农产品质量安全风险评估制度；

（8）农产品质量安全事故报告制度；

（9）农产品质量安全责任追究制度等。

37. 农产品质量安全监管体系包括哪些方面?

我国农业部门为健全农产品质量安全体系,保证不发生重大农产品质量安全问题,重点强化了以下几个方面:

(1)深入开展专项整治,坚决遏制重点区域和关键农时的突出问题。

(2)完善标准体系,加快农产品质量安全标准制修订步伐,不断扩大农产品生产示范场的建设比例和规模,大力推进标准实施示范。

(3)建设质检体系,加快投资建设地级市,补充完善县级,加大对质检机构的考核认证,按照法律要求尽快全面实施农产品质量安全监督检测等工作。

(4)建设安全评估体系,对农产品质量全风险隐患区域实行定点动态跟踪监测,并作出风险评估。

(5)建设乡镇监管体系,明确机构、落实职能,在全国所有涉农乡镇全部建立监管机构。

38. 农产品质量安全监管主要有哪些法律依据?

我国农产品质量安全监管的主要法律法规依据分为以下 3 类:

第一类是法律和法律解释,如《中华人民共和国农产品质量安全法》《中华人民共和国食品安全法》《中华人民共和国农业法》和两高《关于办理危害食品安全刑事案件适用法律若问题的解释》等。

第二类是行政法规和部门规章,如《农药管理条例》《农业转基因生物安全管理条例》《无公害农产品管理办法》《绿色食品标志管理办法》《农产品地理标志管理办法》《农产品产地安全管理办法》《农产品包装与标识管理办法》以及《农产品质量安全检测机构考核办法》等。

第三类是地方性法规、自治条例和单行条例,如《北京市食品安全条例》等。

39. 农资经营者应承担哪些法律责任?

农资经营者应对生产经营的农资产品质量负责,应当建立索证索票、进销台账制度。依据不同情况分别承担民事责任、刑事责任和行政责任。

民事责任：农资经营者所生产或者销售的农资产品因质量问题造成消费者损失的，依据《中华人民共和国产品质量法》《中华人民共和国消费者权益保护法》《中华人民共和国种子法》《农药管理条例》等法律法规，应当对消费者所造成的损失进行经济赔偿。

刑事责任：农资经营者生产、销售国家禁止生产、销售、使用的农药等农资产品或者生产、销售假劣农资产品，依据《中华人民共和国刑法》及两高司法解释等法律法规，追究当事人刑事责任。

行政责任：农资经营者未按照有关法律法规规定生产经营农资产品，依据《农药管理条例》等法律法规，需承担责令停产停业、罚款、没收违法所得等行政处罚责任。

40. 什么是农产品质量安全监督抽查？

《中华人民共和国农产品质量安全法》明确规定，县级以上人民政府农业行政主管部门应按照保障农产品质量安全的要求，对生产中或者市场上销售的农产品进行监督抽查。农产品质量安全监督抽查，是指为了查处农产品质量安全违法行为对生产或销售的农产品进行抽样检测的活动。实施监督抽查的产品应是来源于农业的初级产品，监督抽查的生产经营主体应是农产品生产者和销售者。承担监督抽查的检测机构，应通过计量认证和省级以上农业行政主管部门考核合格。

全国性农产品质量安全监督抽查计划由农业部按年度组织制定和实施，并向省级农业行政主管部门通报。省级农产品质量安全监督抽查计划，由省级农业行政主管部门根据本地区农产品质量安全监管需要按年度组织制定和实施，监督抽查计划和监督抽查结果及时报送农业部备案。地县级农业行政主管部门的农产品质量安全监督抽查计划应当统一纳入省级农产品质量安全监督抽查计划，经核准后方可组织实施，监督抽查结果按要求报省级农业行政主管部门依法公布。监督抽查不得向被抽检人收取费用，监督抽查所需费用应当统一纳入同级财政年度预算。

中　篇

法律法规

一、生产、经营农药应注意避免的相关违法违规行为

1. 经营过期农药

（1）经营过期农药，违反了《农药管理条例》第二十三条的规定：

超过产品质量保证期限的农药产品，经省级以上人民政府农业行政主管部门所属的农药检定机构检验，符合标准的，可以在规定期限内销售；但是，必须注明"过期农药"字样，并附具使用方法和用量。

（2）经营过期农药的处罚依据是《农药管理条例实施办法》第三十九条的规定：

对经营未注明"过期农药"字样的超过产品质量保证期的农药产品的，由农业行政主管部门给予警告，没收违法所得，可以并处违法所得3倍以下的罚款；没有违法所得的，并处3万元以下的罚款。

（3）依据农业部办公厅"关于擅自修改农药标签和赠送过期农药适用法律问题的函"的规定，农药经营者以赠送、奖励、捆绑销售等名义向消费者提供农药产品的，应当认定为经营农药的行为。赠送过期农药产品且未注明"过期农药"字样的，应当认定为经营未注明"过期农药"字样的超过产品质量保证期农药产品的行为，依照《农药管理条例实施办法》第三十九条予以处罚。

2. 生产、经营假劣农药

（1）生产、经营假农药，违反了《农药管理条例》第三十一条第一款的规定：

禁止生产、经营和使用假农药。

（2）生产、经营劣质农药，违反了《农药管理条例》第三十二条第一款的规定：

禁止生产、经营和使用劣质农药。

（3）处罚依据是《农药管理条例》第四十三条，以及《农药管理条例实施办法》第三十八条。

《农药管理条例》第四十三条的规定如下：

生产、经营假农药、劣质农药的，依照刑法关于生产、销售伪劣产品罪或者生产、销售伪劣农药罪的规定，依法追究刑事责任；尚不够刑事处罚的，由农业行政主管部门或者法律、行政法规规定的其他有关部门没收假农药、劣质农药和违法所得，并处违法所得1倍以上10倍以下的罚款；没有违法所得的，并处10万元以下的罚款；情节严重的，由农业行政主管部门吊销农药登记证或者农药临时登记证，由工业产品许可管理部门吊销农药生产许可证或者农药生产批准文件。

《农药管理条例实施办法》第三十八条的规定如下：

对生产、经营假农药、劣质农药的，由农业行政主管部门或者法律、行政法规规定的其他有关部门，按以下规定给予处罚：

（一）生产、经营假农药的，劣质农药有效成分总含量低于产品质量标准30％（含30％）或者混有导致药害等有害成分的，没收假农药、劣质农药和违法所得，并处违法所得5倍以上10倍以下的罚款；没有违法所得的，并处10万元以下的罚款。

（二）生产、经营劣质农药有效成分总含量低于产品质量标准70％（含70％）但高于30％的，或者产品标准中乳液稳定性、悬浮率等重要辅助指标严重不合格的，没收劣质农药和违法所得，并处违法所得3倍以上5倍以下的罚款；没有违法所得的，并处5万元以下的罚款。

（三）生产、经营劣质农药有效成分总含量高于产品质量标准70％的，或者按产品标准要求有一项重要辅助指标或者二项以上一般辅助指标不合格的，没收劣质农药和违法所得，并处违法所得1倍以上3倍以下的罚款；没有违法所得的，并处3万元以下罚款。

（四）生产、经营的农药产品净重（容）量低于标明值，且超过

允许负偏差的，没收不合格产品和违法所得，并处违法所得 1 倍以上
5 倍以下的罚款；没有违法所得的，并处 5 万元以下罚款。

生产、经营假农药、劣质农药的单位，在农业行政主管部门或者法律、
行政法规规定的其他有关部门的监督下，负责处理被没收的假农药、劣质农
药，拖延处理造成的经济损失由生产、经营假农药和劣质农药的单位承担。

3. 擅自修改标签内容

（1）无农药中文通用名称，违反了《农药标签和说明书管理办法》第七
条第一款、第二款的规定：

> 标签应当注明农药名称、有效成分及含量、剂型、农药登记证
> 号或农药临时登记证号、农药生产许可证号或者农药生产批准文件
> 号、产品标准号、企业名称及联系方式、生产日期、产品批号、有
> 效期、重量、产品性能、用途、使用技术和使用方法、毒性及标识、
> 注意事项、中毒急救措施、贮存和运输方法、农药类别、像形图及
> 其他经农业部核准要求标注的内容。

> 产品附具说明书的，说明书应当标注前款规定的全部内容；标
> 签至少应当标注农药名称、剂型、农药登记证号或农药临时登记证
> 号、农药生产许可证号或者农药生产批准文件号、产品标准号、重
> 量、生产日期、产品批号、有效期、企业名称及联系方式、毒性及
> 标识，并注明"详见说明书"字样。

（2）擅自扩大防治范围，违反了《农药标签和说明书管理办法》第三十
条的规定：

> 标签和说明书上不得出现未经登记的使用范围和防治对象的图
> 案、符号、文字。

（3）擅自使用商品名称，违反了中华人民共和国农业部公告第 944 号的
规定：

> 自 2008 年 7 月 1 日起，农药生产企业生产的农药产品一律不得
> 使用商品名称。

（4）擅自标注带有宣传、广告色彩的文字、符号、图案，擅自标注企业

获奖和荣誉称号，违反了《农药标签和说明书管理办法》第二十四条的规定：

标签不得标注任何带有宣传、广告色彩的文字、符号、图案，不得标注企业获奖和荣誉称号。法律、法规或规章另有规定的，从其规定。

（5）未在标志带标注农药类别文字，违反了《农药标签和说明书管理办法》第二十条第一款和第二款的规定：

农药类别应当采用相应的文字和特征颜色标志带表示。不同类别的农药采用在标签底部加一条与底边平行的、不褪色的特征颜色标志带表示。

（6）标签农药名称标注位置不符，违反了《农药标签和说明书管理办法》第二十七条的规定：

农药名称应当显著、突出，字体、字号、颜色应当一致，并符合以下要求：

（一）对于横版标签，应当在标签上部三分之一范围内中间位置显著标出；对于竖版标签，应当在标签右部三分之一范围内中间位置显著标出；

（二）不得使用草书、篆书等不易识别的字体，不得使用斜体、中空、阴影等形式对字体进行修饰；

（三）字体颜色应当与背景颜色形成强烈反差；

（四）除因包装尺寸的限制无法同行书写外，不得分行书写。

（7）未在农药名称的正下方（横版标签）或正左方（竖版标签）相邻位置醒目标注有效成分和剂型，违反了《农药标签和说明书管理办法》第二十八条的规定：

有效成分含量和剂型应当醒目标注在农药名称的正下方（横版标签）或正左方（竖版标签）相邻位置（直接使用的卫生用农药可以不再标注剂型名称），字体高度不得小于农药名称的二分之一。

混配制剂应当标注总有效成分含量以及各种有效成分的通用名称和含量。各有效成分的通用名称及含量应当醒目标注在农药名称的正下方（横版标签）或正左方（竖版标签），字体、字号、颜色应当一致，字体高度不得小于农药名称的二分之一。

（8）擅自粘贴、剪切、涂改农药标签或说明书，违反了《农药标签和说明书管理办法》第五条的规定：

标签和说明书的内容应当真实、规范、准确，其文字、符号、图案应当易于辨认和阅读，不得擅自以粘贴、剪切、涂改等方式进行修改或者补充。

（9）标注其他机构的，违反了《农药标签和说明书管理办法》第十条的规定：

企业名称是指生产企业的名称，联系方式包括地址、邮政编码、联系电话等。

进口农药产品应当用中文注明原产国（或地区）名称、生产者名称以及在我国办事机构或代理机构的名称、地址、邮政编码、联系电话等。

除本办法规定的机构名称外，标签不得标注其他任何机构的名称。

（10）未标注毒性标识，违反了《农药标签和说明书管理办法》第十六条的规定：

毒性分为剧毒、高毒、中等毒、低毒、微毒五个级别，分别用"⬥"标识和"剧毒"字样、"⬥"标识和"高毒"字样、"⬥"标识和"中等毒"字样、"⬥"标识、"微毒"字样标注。标识应当为黑色，描述文字应当为红色。

由剧毒、高毒农药原药加工的制剂产品，其毒性级别与原药的最高毒性级别不一致时，应当同时以括号标明其所使用的原药的最高毒性级别。

（11）擅自修改标签内容的处罚依据是《农药管理条例》第四十条第（三）项：

生产、经营产品包装上未附标签、标签残缺不清或者擅自修改标签内容的农药产品的，给予警告，没收违法所得，可以并处违法所得3倍以下的罚款；没有违法所得的，可以并处3万元以下的罚款。

4. 擅自生产、经营未取得农药登记证或者农药临时登记证的农药产品

（1）擅自生产、经营未取得农药登记证或者农药临时登记证的农药产品，违反了《农药管理条例》第三十条第二款的规定：

> 任何单位和个人不得生产、经营、进口或者使用未取得农药登记证或者农药临时登记证的农药。

（2）处罚依据是《农药管理条例》第四十条第（一）项的规定：

> 未取得农药登记证或者农药临时登记证，擅自生产、经营农药的，或者生产、经营已撤销登记的农药的，责令停止生产、经营，没收违法所得，并处违法所得1倍以上10倍以下的罚款；没有违法所得的，并处10万元以下的罚款。

（3）依据农业部办公厅"关于擅自修改农药标签和赠送过期农药适用法律问题的函"，农药经营者以赠送、奖励、捆绑销售等名义向消费者提供农药产品的，应当认定为经营农药的行为。赠送、奖励、捆绑销售未取得农药登记证农药的，应当认定为经营未取得农药登记证农药的行为，依照《农药管理条例》第四十条第（一）项予以处罚。

5. 农药临时登记证有效期届满未办理续展手续

（1）农药临时登记证有效期届满未办理续展手续，违反了《农药管理条例实施办法》第七条第（二）项规定（摘录）：

> 农药临时登记证有效期为一年，可以续展，累积有效期不得超过三年。

（2）处罚依据是《农药管理条例》第四十条第（二）项的规定：

> 农药登记证或者农药临时登记证有效期限届满未办理续展登记，擅自继续生产该农药的，责令限期补办续展手续，没收违法所得，可以并处违法所得5倍以下的罚款；没有违法所得的，可以并处5万元以下的罚款；逾期不补办的，由原发证机关责令停止生产、经营，

吊销农药登记证或者农药临时登记证。

6.假冒、伪造或者转让农药登记证或者农药临时登记证、农药登记证号或者农药临时登记证号、农药生产许可证或者农药生产批准文件、农药生产许可证号或者农药生产批准文件号

（1）该行为违反了《农药管理条例》第四十二条的规定：

　　假冒、伪造或者转让农药登记证或者农药临时登记证、农药登记证号或者农药临时登记证号、农药生产许可证或者农药生产批准文件、农药生产许可证号或者农药生产批准文件号的，依照刑法关于非法经营罪或者伪造、变造、买卖国家机关公文、证件、印章罪的规定，依法追究刑事责任；尚不够刑事处罚的，由农业行政主管部门收缴或者吊销农药登记证或者农药临时登记证，由工业产品许可管理部门收缴或者吊销农药生产许可证或者农药生产批准文件，由农业行政主管部门或者工业产品许可管理部门没收违法所得，可以并处违法所得 10 倍以下的罚款；没有违法所得的，可以并处 10 万元以下的罚款。

（2）处罚依据是《农药管理条例》第四十二条的规定（见本款上文）。

二、农产品质量安全相关违法违规行为

1.未按规定建立或者未按照规定保存农产品生产记录的，或者伪造农产品生产记录

（1）该行为违反了《中华人民共和国农产品质量安全法》第二十四条规定：

　　农产品生产企业和农民专业合作经济组织应当建立农产品生产记录，如实记载下列事项：

　　（一）使用农业投入品的名称、来源、用法、用量和使用、停用的日期；

（二）动物疫病、植物病虫草害的发生和防治情况；

（三）收获、屠宰或者捕捞的日期。

农产品生产记录应当保存二年。禁止伪造农产品生产记录。

国家鼓励其他农产品生产者建立农产品生产记录。

（2）处罚依据是《中华人民共和国农产品质量安全法》第四十七条规定：

农产品生产企业、农民专业合作经济组织未建立或者未按照规定保存农产品生产记录的，或者伪造农产品生产记录的，责令限期改正；逾期不改正的，可以处二千元以下罚款。

2. 销售的农产品未按照规定进行包装、标识

（1）该行为违反了《中华人民共和国农产品质量安全法》第二十八条规定：

农产品生产企业、农民专业合作经济组织以及从事农产品收购的单位或者个人销售的农产品，按照规定应当包装或者附加标识的，须经包装或者附加标识后方可销售。包装物或者标识上应当按照规定标明产品的品名、产地、生产者、生产日期、保质期、产品质量等级等内容；使用添加剂的，还应当按照规定标明添加剂的名称。具体办法由国务院农业行政主管部门制定。

（2）处罚依据是《中华人民共和国农产品质量安全法》第四十八条的规定：

销售的农产品未按照规定进行包装、标识的，责令限期改正；逾期不改正的，可以处二千元以下罚款。

3. 冒用农产品质量标志

（1）冒用农产品质量标志违反了《中华人民共和国农产品质量安全法》第三十二条规定：

销售的农产品必须符合农产品质量安全标准，生产者可以申请使用无公害农产品标志。

农产品质量符合国家规定的有关优质农产品标准的，生产者可以申请使用相应的农产品质量标志。

禁止冒用前款规定的农产品质量标志。

（2）处罚依据是《中华人民共和国农产品质量安全法》第五十一条规定：

冒用农产品质量标志的，责令改正，没收违法所得，并处二千元以上二万元以下罚款。

4. 销售不得销售的农产品

（1）销售不得销售的农产品违反了《中华人民共和国农产品质量安全法》第三十三条规定：

有下列情形之一的农产品，不得销售：

（一）含有国家禁止使用的农药、兽药或者其他化学物质的；

（二）农药、兽药等化学物质残留或者含有的重金属等有毒有害物质不符合农产品质量安全标准的；

（三）含有的致病性寄生虫、微生物或者生物毒素不符合农产品质量安全标准的；

（四）使用的保鲜剂、防腐剂、添加剂等材料不符合国家有关强制性的技术规范的；

（五）其他不符合农产品质量安全标准的。

（2）处罚依据是《中华人民共和国农产品质量安全法》第四十九条和第五十条：

第四十九条　违反了《中华人民共和国农产品质量安全法》第三十三条第四项规定情形，使用的保鲜剂、防腐剂、添加剂等材料不符合国家有关强制性的技术规范的，责令停止销售，对被污染的农产品进行无害化处理，对不能进行无害化处理的予以监督销毁；没收违法所得，并处二千元以上二万元以下罚款。

第五十条　农产品生产企业、农民专业合作经济组织销售的农产品有本法第三十三条第一项至第三项或者第五项所列情形之一的，责令停止销售，追回已经销售的农产品，对违法销售的农产品进行无害化处理或者予以监督销毁；没收违法所得，并处二千元以上二万元以下罚款。

农产品销售企业销售的农产品有前款所列情形的，依照前款规定处理、处罚。

农产品批发市场中销售的农产品有第一款所列情形的，对违法销售的农产品依照第一款规定处理，对农产品销售者依照第一款规定处罚。

农产品批发市场违反本法第三十七条第一款规定的，责令改正，处二千元以上二万元以下罚款。

三、相关法律法规

1. 制售假劣农药应承担的刑事责任

《中华人民共和国刑法》第一百四十条【生产、销售伪劣商品罪】规定：

生产者、销售者在产品中掺杂、掺假，以假充真，以次充好或者以不合格产品冒充合格产品，销售金额五万元以上不满二十万元的，处二年以下有期徒刑或者拘役，并处或者单处销售金额百分之五十以上二倍以下罚金；销售金额二十万元以上不满五十万元的，处二年以上七年以下有期徒刑，并处销售金额百分之五十以上二倍以下罚金；销售金额五十万元以上不满二百万元的，处七年以上有期徒刑，并处销售金额百分之五十以上二倍以下罚金；销售金额二百万元以上的，处十五年有期徒刑或者无期徒刑，并处销售金额百分之五十以上二倍以下罚金或者没收财产。

《中华人民共和国刑法》第一百四十七条【生产、销售伪劣农药、兽药、化肥、种子罪】规定：

生产假农药、假兽药、假化肥，销售明知是假的或者失去使用效能的农药、兽药、化肥、种子，或者生产者、销售者以不合格的农药、兽药、化肥、种子冒充合格的农药、兽药、化肥、种子，使生产遭受较大损失的，处三年以下有期徒刑或者拘役，并处或者单处销售金额百分之五十以上二倍以下罚金；使生产遭受重大损失的，处三年以上七年以下有期徒刑，并处销售金额百分之五十以上二倍以下罚金；使生产遭受特别重大损失的，处七年以上有期徒刑或者无期徒刑，并处销售金额百分之五十以上二倍以下罚金或者没收财产。

2.《最高人民法院、最高人民检察院关于办理危害食品安全刑事案件适用法律若干问题的解释》中的相关规定

《最高人民法院、最高人民检察院关于办理危害食品安全刑事案件适用法律若干问题的解释》中涉及农药的相关规定如下：

第十一条　以提供给他人生产、销售食品为目的，违反国家规定，生产、销售国家禁止用于食品生产、销售的非食品原料，情节严重的，依照刑法第二百二十五条的规定以非法经营罪定罪处罚。

违反国家规定，生产、销售国家禁止生产、销售、使用的农药、兽药、饲料、饲料添加剂，或者饲料原料、饲料添加剂原料，情节严重的，依照前款的规定定罪处罚。

实施前两款行为，同时又构成生产、销售伪劣产品罪，生产、销售伪劣农药、兽药罪等其他犯罪的，依照处罚较重的规定定罪处罚。

第二十条　下列物质应当认定为"有毒、有害的非食品原料"（摘录）：

（三）国务院有关部门公告禁止使用的农药、兽药以及其他有毒、有害物质。

注：上述条款自 2013 年 5 月 4 日起施行

3. 以暴力、威胁方法阻碍执法人员依法执行职务

《中华人民共和国刑法》第二百七十七条【妨害公务罪】第一款规定：

以暴力、威胁方法阻碍国家机关工作人员依法执行职务的，处三年以下有期徒刑、拘役、管制或者罚金。

《中华人民共和国治安管理处罚法》第五十条规定：

有下列行为之一的，处警告或者二百元以下罚款；情节严重的，处五日以上十日以下拘留，可以并处五百元以下罚款（摘录）：

（二）阻碍国家机关工作人员依法执行职务的。

4. 生产、销售国家明令淘汰并停止销售的产品

《中华人民共和国产品质量法》第五十一条规定：

生产国家明令淘汰的产品的，销售国家明令淘汰并停止销售的产品的，责令停止生产、销售，没收违法生产、销售的产品，并处违法生产、销售产品货值金额等值以下的罚款；有违法所得的，并处没收违法所得；情节严重的，吊销营业执照。

5. 拒绝接受依法进行的产品质量监督检查

《中华人名共和国产品质量法》第五十六条规定：

拒绝接受依法进行的产品质量监督检查的，给予警告，责令改正；拒不改正的，责令停业整顿；情节特别严重的，吊销营业执照。

6. 当事人逾期不履行行政处罚决定

《中华人民共和国行政处罚法》第五十一条规定：

当事人逾期不履行行政处罚决定的，作出行政处罚决定的行政机关可以采取下列措施：

（一）到期不缴纳罚款的，每日按罚款数额的百分之三加处罚款；

（二）根据法律规定，将查封、扣押的财物拍卖或者将冻结的存款划拨抵缴罚款；

（三）申请人民法院强制执行。

7. 行政复议

《中华人民共和国行政复议法》第九条规定：

公民、法人或者其他组织认为具体行政行为侵犯其合法权益的，可以自知道该具体行政行为之日起六十日内提出行政复议申请；但是法律规定的申请期限超过六十日的除外。

《中华人民共和国行政复议法》第十二条规定：

对县级以上地方各级人民政府工作部门的具体行政行为不服的，由申请人选择，可以向该部门的本级人民政府申请行政复议，也可以向上一级主管部门申请行政复议。

8. 行政诉讼

《中华人民共和国行政诉讼法》第三十八条规定：

公民、法人或者其他组织向行政机关申请复议的，复议机关应当在收到申请书之日起两个月内作出决定。法律、法规另有规定的除外。

申请人不服复议决定的，可以在收到复议决定书之日起十五日内向人民法院提起诉讼。复议机关逾期不作决定的，申请人可以在复议期满之日起十五日内向人民法院提起诉讼。法律另有规定的除外。

《中华人民共和国行政诉讼法》第三十九条规定：

公民、法人或者其他组织直接向人民法院提起诉讼的，应当在知道作出具体行政行为之日起三个月内提出。法律另有规定的除外。

9. 新修订的《中华人民共和国食品安全法》中相关规定

《中华人民共和国食品安全法》已于 2015 年 4 月 24 日修订通过，并于 2015 年 10 月 1 日起施行，其中有如下相关规定：

第四十九条　食用农产品生产者应当按照食品安全标准和国家有关规定使用农药、肥料、兽药、饲料和饲料添加剂等农业投入品，严格执行农业投入品使用安全间隔期或者休药期的规定，不得使用国家明令禁止的农业投入品。禁止将剧毒、高毒农药用于蔬菜、瓜果、茶叶和中草药材等国家规定的农作物。

食用农产品的生产企业和农民专业合作经济组织应当建立农业投入品使用记录制度。

县级以上人民政府农业行政部门应当加强对农业投入品使用的监督管理和指导，建立健全农业投入品安全使用制度。

第六十四条　食用农产品批发市场应当配备检验设备和检验人员或者委托符合本法规定的食品检验机构，对进入该批发市场销售的食用农产品进行抽样检验；发现不符合食品安全标准的，应当要求销售者立即停止销售，并向食品药品监督管理部门报告。

第六十五条　食用农产品销售者应当建立食用农产品进货查验记录制度，如实记录食用农产品的名称、数量、进货日期以及供货者名称、地址、联系方式等内容，并保存相关凭证。记录和凭证保存期限不得少于六个月。

第六十六条　进入市场销售的食用农产品在包装、保鲜、贮存、运输中使用保鲜剂、防腐剂等食品添加剂和包装材料等食品相关产品，应当符合食品安全国家标准。

10.《北京市食品安全条例》相关规定

《北京市食品安全条例》中有如下相关规定：

第四十条　农药、兽药、饲料和饲料添加剂、肥料等农业投入品经营者应当建立经营记录，记录投入品名称、来源、进货日期、生产企业、销售时间、销售对象、销售数量等内容，保存期限不得少于2年；销售农业投入品时，应当向购买者提供产品说明书，明确提示购买者注意产品说明书中有关投入品用法、用量和使用范围等信息。

第七十一条　农药、兽药、饲料和饲料添加剂、肥料等农业投入品经营者违反本条例第四十条的规定的，由农业行政部门责令限期改正，没收违法所得和违法经营的投入品，并处2 000元以上1万元以下罚款。

四、案例分析

1. 案例一　经营假农药案

【案由】

某市农药监督抽检工作中，在赵某门市部抽取的"高效氯氰菊酯"产品检出非登记农药成分马拉硫磷，含量为 2.4%。根据检测结果，该"高效氯氰菊酯"产品被判定为假农药。该市农药执法人员收到检验报告后立即立案调查，查明赵某门市部购进该批次"高效氯氰菊酯"假农药 80 瓶，销售 40 瓶，销售收入 400 元。对此该市农业局依法给予行政处罚。

【处理结果】

（1）没收假农药高效氯氟氰菊酯 40 瓶；

（2）没收违法所得 400 元整；

（3）并处违法所得 6 倍罚款 2 400 元整；

罚没款合计 2 800 元整。

【案例解析】

（1）假农药的判定依据为《农药管理条例》第三十一条：

禁止生产、经营和使用假农药。下列农药为假农药：（一）以非农药冒充农药或者以此种农药冒充他种农药的；（二）所含有效成分的种类、名称与产品标签或者说明书上注明的农药有效成分的种类、名称不符的。

赵某经营的高效氯氰菊酯中添加了马拉硫磷成分，与标签或者说明书上注明的农药有效成分种类、名称不符，因此判定为假农药。

（2）处罚依据为《农药管理条例》第四十三条：

生产、经营假农药、劣质农药的，依照刑法关于生产、销售伪劣产品罪或者生产、销售伪劣农药罪的规定，依法追究刑事责任；尚不够刑事责任的，由农业行政主管部门或者法律、行政法规规定的其他有关部门没收假农药、劣质农药和违法所得，并处违法所得 1

倍以上 10 倍以下的罚款；没有违法所得的，并处 10 万元以下的罚款；情节严重的，由农业行政主管部门吊销农药登记证或者农药临时登记证，由工业产品许可管理部门吊销农药生产许可证或者农药生产批准文件。

【延伸阅读】

（1）《中华人民共和国刑法》中的有关规定：

　　第一百四十条 【生产、销售伪劣产品罪】 生产者、销售者在产品中掺杂、掺假，以假充真，以次充好或者以不合格产品冒充合格产品，销售金额五万元以上不满二十万元的，处二年以下有期徒刑或者拘役，并处或者单处销售金额百分之五十以上二倍以下罚金；销售金额二十万元以上不满五十万元的，处二年以上七年以下有期徒刑，并处销售金额百分之五十以上二倍以下罚金；销售金额五十万元以上不满二百万元的，处七年以上有期徒刑，并处销售金额百分之五十以上二倍以下罚金；销售金额二百万元以上的，处十五年有期徒刑或者无期徒刑，并处销售金额百分之五十以上二倍以下罚金或者没收财产。

　　第一百四十七条 【生产、销售伪劣农药、兽药、化肥、种子罪】 生产假农药、假兽药、假化肥，销售明知是假的或者失去使用效能的农药、兽药、化肥、种子，或者生产者、销售者以不合格的农药、兽药、化肥、种子冒充合格的农药、兽药、化肥、种子，使生产遭受较大损失的，处三年以下有期徒刑或者拘役，并处或者单处销售金额百分之五十以上二倍以下罚金；使生产遭受重大损失的，处三年以上七年以下有期徒刑，并处销售金额百分之五十以上二倍以下罚金；使生产遭受特别重大损失的，处七年以上有期徒刑或者无期徒刑，并处销售金额百分之五十以上二倍以下罚金或者没收财产。

（2）农业部公布的典型案件。农业部 2014 年 1 月公布的农资典型案件中，其中一起为某省某农化有限公司经营假农药案：

　　2013 年 4 月，某省一茶农投诉，称某农化有限公司经营假农药。

经某省农业局调查，该公司销售的"甲氨基阿维菌素苯甲盐酸"为A省某农化有限公司生产，抽样送检结果为该农药含有未登记成分茚虫威，判定为假农药。茶农因使用该农药造成2.2万千克出口茶叶茚虫威残留超标，无法销售，经济损失20余万元。案件移送公安机关查处，A省某农化有限公司法定代表人被刑事拘留。

2. 案例二　经营劣质农药案

【案由】

某区农委接到群众举报，该区冯某的农资商店销售的"三唑酮"20%乳油产品销售价格低于其他同类产品，怀疑质量不合格。该区农委农药执法人员前往冯某的农资商店进行调查，查明冯某购进该批次"三唑酮"20%乳油产品32千克，已销售13.12千克，销售收入328元，并当场抽取"三唑酮"样品进行送检。检测结果显示"三唑酮"含量为8%，判定为劣质农药。对此该区农委进行了依法查处。

【处理结果】

（1）没收劣质农药"三唑酮"18.24千克；

（2）没收违法所得人民币328元整；

（3）处违法所得8倍罚款人民币2 624元整。

罚没款合计2 952元整。

【案例解析】

劣质农药的判定依据是《农药管理条例》第三十二条：

　　禁止生产、经营和使用劣质农药。下列农药为劣质农药：

（一）不符合农药产品质量标准的；（二）失去使用效能的；（三）混有导致药害等有害成分的。

此案中"三唑酮"产品中三唑酮的含量检测为8%，低于产品标准值20%，属于"不符合农药产品质量标准"，因此判定为劣质农药。

（2）处罚依据是《农药管理条例实施办法》第三十八条第一项：

　　生产、经营假农药的，劣质农药有效成分总含量低于产品质量标准30%（含30%）或者混有导致药害等有害成分的，没收假农药、劣质农药和违法所得，并处违法所得 5 倍以上 10 倍以下的罚款；没有违法所得的，并处 10 万元以下的罚款。

【延伸阅读】

《农药管理条例实施办法》对"不符合农药产品质量标准的"劣质农药在处罚上进行了分类，其第三十八条中规定：

对生产、经营假农药、劣质农药的，由农业行政主管部门或者法律、行政法规规定的其他有关部门，按以下规定给予处罚：

（一）生产、经营假农药的，劣质农药有效成分总含量低于产品质量标准 30%（含 30%）或者混有导致药害等有害成分的，没收假农药、劣质农药和违法所得，并处违法所得 5 倍以上 10 倍以下的罚款；没有违法所得的，并处 10 万元以下的罚款。

（二）生产、经营劣质农药有效成分总含量低于产品质量标准 70%（含 70%）但高于 30% 的，或者产品标准中乳液稳定性、悬浮率等重要辅助指标严重不合格的，没收劣质农药和违法所得，并处违法所得 3 倍以上 5 倍以下的罚款；没有违法所得的，并处 5 万元以下的罚款。

（三）生产、经营劣质农药有效成分总含量高于产品质量标准 70% 的，或者按产品标准要求有一项重要辅助指标或者二项以上一般辅助指标不合格的，没收劣质农药和违法所得，并处违法所得 1 倍以上 3 倍以下的罚款；没有违法所得的，并处 3 万元以下罚款。

（四）生产、经营的农药产品净重（容）量低于标明值，且超过允许负偏差的，没收不合格产品和违法所得，并处违法所得 1 倍以上 5 倍以下的罚款；没有违法所得的，并处 5 万元以下罚款。

3. 案例三　经营未取得农药登记证产品案

【案由】

某区农业局农药执法人员在市场检查中发现，甲公司销售的"氯虫酰胺" 30% 水分散粒剂，其标签标称生产企业为 A 农药生产公司，农药登记证号为 LS20070268。经查 LS20070268 为 B 农药生产公司的"甲氨基阿维菌素苯甲酸盐"已过期农药临时登记证号。初步判定该"氯虫酰胺"30%水分散粒剂为未取得农药登记证或农药临时登记证产品。该公司销售"氯虫酰胺"30%水分散粒剂23 400袋，销售收入合计11 700元。执法人员依法对甲公司经营未取得农药登记证产品行为进行了立案查处。

【处理结果】

（1）责令停止经营未取得农药登记证的"30%氯虫酰胺水分散粒剂"农药；

（2）没收违法所得人民币11 700元整；

（3）并处违法所得2倍的罚款人民币23 400元整。

罚没款合计35 100元。

【案例解析】

（1）该案例违规行为判定依据为《农药管理条例》第三十条第二款规定：

> 任何单位和个人不得生产、经营、进口或者使用未取得农药登记证或者农药临时登记证的农药。

该"氯虫酰胺"30%水分散粒剂产品假冒了其他生产企业的农药临时登记证号，其标称的生产企业A农药生产公司涉嫌假冒农药临时登记证号，而甲公司经营该产品构成了"经营未取得农药登记证或农药临时登记证产品"行为，违反了《农药管理条例》第三十条第二款的规定。

（2）处罚依据是《农药管理条例》第四十条：

> 有下列行为之一的，依照刑法关于非法经营罪或者危险物品肇事罪的规定，依法追究刑事责任；尚不够刑事处罚的，由农业行政主管部门按照以下规定给予处罚：（一）未取得农药登记证或者农药临时登记证，擅自生产、经营农药的，或者生产、经营已撤销登记的农药的，责令停止生产、经营，没收违法所得，并处违法所得1倍以上10倍以下的罚款；没有违法所得的，并处10万元以下的罚款。

【延伸阅读】

（1）《农药管理条例》第四十二条对假冒、伪造农药登记证行为的责任与处罚作出如下相关规定：

> 假冒、伪造或者转让农药登记证或者农药临时登记证、农药登

记证号或者农药临时登记证号、农药生产许可证或者农药生产批准文件、农药生产许可证号或者农药生产批准文件号的，依照刑法关于非法经营罪或者伪造、变造、买卖国家机关公文、证件、印章罪的规定，依法追究刑事责任；尚不够刑事处罚的，由农业行政主管部门收缴或者吊销农药登记证或者农药临时登记证，由工业产品许可管理部门收缴或者吊销农药生产许可证或者农药生产批准文件，由农业行政主管部门或者工业产品许可管理部门没收违法所得，可以并处违法所得10倍以下的罚款；没有违法所得的，可以并处10万元以下的罚款。

（2）农业部公布的典型案件。农业部2011年8月公布了一批农资典型案件，其中一起为某市农药公司冒证生产农药案件：

2011年3月，某市农委查处了某农药有限公司冒证生产农药案。该公司2011年1—3月分别假冒农药登记证号LS20020422、PD20084475及PD20070031生产"3%辛硫磷"等7个农药品种，累计售出470.5吨，货值18.92万元。现场发现约15万只纸包装箱、70万个塑料包装袋、3万条编织袋，初步认定涉案金额360万元。此案移交公安机关立案侦查，该公司法人代表被刑事拘留。

4. 案例四　经营擅自修改标签内容农药产品案

【案由】

某区农业局农药执法人员在市场检查时，发现某农资店经营的"大黄素甲醚0.5%水剂"产品标签与登记备案的标签内容不符，属于擅自修改标签内容农药产品。执法人员随即依法立案调查，调查该农资店已销售擅自修改标签内容的"大黄素甲醚0.5%水剂"产品360瓶，获违法所得1 800元。该区农业局依法对此进行了行政处罚。

【处理结果】

（1）给予警告；

（2）没收违法所得1 800元；

（3）处违法所得2倍罚款3 600元。

罚没款合计 5 400 元。

【案例解析】

本案处罚依据为《农药标签和说明书管理办法》第三十一条，以及《农药管理条例》第四十条。

《农药标签和说明书管理办法》第三十一条第一款规定：

经核准的标签和说明书，农药生产、经营者不得擅自改变标签内容。需要对标签和说明书进行修改的，报农业部重新核准。

《农药管理条例》第四十条规定：

有下列行为之一的，依照刑法关于非法经营罪或者危险物品肇事罪的规定，依法追究刑事责任；尚不够刑事处罚的，由农业行政主管部门按照以下规定给予处罚：

……

（三）生产、经营产品包装上未附标签、标签残缺不清或者擅自修改标签内容的农药产品的，给予警告，没收违法所得，可以并处违法所得 3 倍以下的罚款；没有违法所得的，可以并处 3 万元以下的罚款。

【延伸阅读】

（1）《农药管理条例》第十六条规定：

农药产品包装必须贴有标签或者附具说明书。标签应当紧贴或者印制在农药包装物上。标签或者说明书上应当注明农药名称、企业名称、产品批号和农药登记证号或者农药临时登记证号、农药生产许可证号或者农药生产批准文件号以及农药的有效成分、含量、重量、产品性能、毒性、用途、使用技术、使用方法、生产日期、有效期和注意事项等；农药分装的，还应当注明分装单位。

（2）常见的擅自修改标签内容现象主要有：农药标签上擅自扩大农药防治作物或对象的范围、擅自添加商品名称或未经备案的商标、擅自标注未通过备案的其他机构名称、擅自添加宣传广告用语、擅自修改安全间隔期等注意事项，等等。

（3）常用农药登记及农药标签查询工具有：①中国农药信息网（http：//

www.chinapesticide.gov.cn/）；②中国农药（微信公众号）。

5. 案例五　生产、销售有毒、有害食品

【案由】

某市在蔬菜质量安全监测工作中发现，蔬菜种植户沈某直销的蒿菜甲基对硫磷严重超标，而该农药属于禁止使用的农药。当地农业执法机构于第一时间跟进调查，在沈某的种植现场查获标签标注有"甲基对硫磷"的农药2瓶，同时又对其种植的蒿菜、大白菜进行抽样送检，受检样品也被检出含有甲基对硫磷。根据《最高人民法院、最高人民检察院关于办理危害食品安全刑事案件适用法律若干问题的解释》，沈某涉嫌犯生产、销售有毒、有害食品罪，当地农业部门遂将此案依法移送公安机关。最终，沈某因犯生产、销售有毒、有害食品罪，被判处有期徒刑6个月，并处罚金1000元。

【案例解析】

根据《最高人民法院、最高人民检察院关于办理危害食品安全刑事案件适用法律若干问题的解释》，在食用农产品种植、养殖、销售、运输、贮存等过程中，使用禁用农药、兽药等禁用物质或者其他有毒、有害物质的，依照《中华人民共和国刑法》第一百四十四条的规定以生产、销售有毒、有害食品罪定罪处罚。因此，种植户沈某使用禁用农药甲基对硫磷的行为认定为"生产、销售有毒、有害食品罪"。

《中华人民共和国刑法》第一百四十四条规定如下：

第一百四十四条　【生产、销售有毒、有害食品罪】在生产、销售的食品中掺入有毒、有害的非食品原料的，或者销售明知掺有有毒、有害的非食品原料的食品的，处五年以下有期徒刑，并处罚金；对人体健康造成严重危害或者有其他严重情节的，处五年以上十年以下有期徒刑，并处罚金；致人死亡或者有其他特别严重情节的，依照本法第一百四十一条的规定处罚。

【延伸阅读】

（1）种植过程中使用限用农药的定罪与处罚。依据《最高人民法院、最高人民检察院关于办理危害食品安全刑事案件适用法律若干问题的解释》第

二十条：

> 下列物质应当认定为"有毒、有害的非食品原料"：（一）法律、法规禁止在食品生产经营活动中添加、使用的物质；（二）国务院有关部门公布的《食品中可能违法添加的非食用物质名单》《保健食品中可能非法添加的物质名单》上的物质；（三）国务院有关部门公告禁止使用的农药、兽药以及其他有毒、有害物质；（四）其他危害人体健康的物质。"

限用农药也应当认定为"有毒、有害的非食品原料"，同样依照《中华人民共和国刑法》第一百四十四条的规定以生产、销售有毒、有害食品罪定罪处罚。

（2）种植过程中超限量或超范围滥用农药的定罪与处罚。依据《最高人民法院、最高人民检察院关于办理危害食品安全刑事案件适用法律若干问题的解释》第八条规定：

> 在食用农产品种植、养殖、销售、运输、贮存等过程中，违反食品安全标准，超限量或者超范围滥用添加剂、农药、兽药等，足以造成严重食物中毒事故或者其他严重食源性疾病的，依照《中华人民共和国刑法》第一百四十三条的规定以生产、销售不符合安全标准的食品罪定罪处罚。

下　篇

农作物主要病虫
草害识别与防治

一、小麦病虫草害

1. 小麦白粉病

（1）症状：小麦白粉病在小麦各生育期均可发生，病菌为害叶片、叶鞘、茎秆和穗部。病部初期产生黄色小点，后逐步扩大为圆形或椭圆形病斑，表面覆盖一层白色粉状霉层，以后逐步变成灰白色，最后变为褐色，上面生有褐色小点。

小麦白粉病为害小麦叶片　　　　　小麦白粉病为害麦穗

（2）药剂防治：可选用20%三唑酮乳油400倍液、30%己唑醇悬浮剂4 000倍液、12.5%烯唑醇可湿性粉剂2 500～5 000倍液对水喷雾。

2. 小麦腥黑穗病

（1）症状：腥黑穗病发生于穗部，抽穗前症状不明显，抽穗后至成熟期明显，病穗较短、直立，颜色较健穗深，初为灰绿，后为灰白，颖壳麦芒外

小麦健穗（左）与小麦　　　　　小麦健粒（右）与小麦
腥黑穗病病穗（右）　　　　　腥黑穗病病粒（左）

张，露出全部或部分病粒。病粒较健粒短粗，初为暗绿，后变灰黑，外包一层灰色膜，内部充满黑色粉末，外部仅保留一层麦粒薄皮。破裂后散发出有鱼腥味的三甲胺挥发气体。

（2）药剂防治：可选用50%多菌灵可湿性粉剂、60克/升戊唑醇种子处理悬浮剂在播种前按照种子重量2‰～3‰拌种。

3. 小麦散黑穗病

（1）症状：该病发生于穗部，病株较矮，病穗比健穗较早抽出。最初病穗外面包一层灰色薄膜，成熟后破裂，散出黑粉，黑粉吹散后，只残留裸露的穗轴。

（2）药剂防治：同小麦腥黑穗病防治方法。

小麦散黑穗病病株

4. 小麦赤霉病

（1）症状：小麦赤霉病又称麦穗枯、烂麦头、红麦头，是一种流行性、暴发性病害。从幼苗到抽穗都可受害，可引起苗腐、茎基腐、秆腐和穗腐，其中为害最严重是穗腐。在小麦灌浆前呈现半个麦穗发白枯死症状。小麦扬花时，初在小穗和颖片上产生水浸状浅褐色斑，渐扩大至整个小穗，小穗枯黄。湿度大时，病斑处产生粉红色胶状霉层，用手触摸，有凸起感觉，不能抹去，籽粒干瘪并伴有白色至粉红色霉。小穗发病后扩展至穗轴，病部枯褐，使被害部以上小穗形成枯白穗。

（2）药剂防治：可选用 50% 多菌灵可湿性粉剂 400 ～ 600 倍液、25% 戊唑醇乳油 800 ～ 1 200 倍液、12.5% 烯唑醇可湿性粉剂 1 000 ～ 1 500 倍液对水喷雾。

小麦赤霉病病穗

5. 小麦吸浆虫

（1）为害特点：幼虫附着在子房或刚灌浆的麦粒上，以口器刺伤麦粒表皮，吸食浆液。幼虫侵入越早为害越重，扬花期侵入，1 头幼虫可使 1 粒麦粒受损，一般 4 头以上造成全穗损失。

（2）形态特征：①成虫。雌成虫体长 2 ～ 2.5 毫米，翅展 5 毫米左右，体橘红色；前翅透明，有 4 条发达翅脉，后翅退化为平衡棒；触角细长，14 节，触角呈念珠状，上生一圈短环状毛。雄虫体长 2 毫米左右；触角每节中部收缩使各节呈葫芦状，膨大部分各生一圈长环状毛。②卵。长 0.09 毫米，长圆形，浅红色。③幼虫。体长 3 ～ 3.5 毫米，椭圆形，橙黄色，头小，无足，蛆形，前胸腹面有 1 个 "Y" 形剑骨片，前端分叉，凹陷深。④蛹。长 2 毫米，裸蛹，橙褐色，头前方具白色短毛 2 根和长呼吸管 1 对。

小麦吸浆虫成虫　　　　　小麦吸浆幼虫为害灌浆籽粒

（3）药剂防治：小麦拔节期可选用50%辛硫磷乳油250毫升/亩，加沙土20～30千克拌匀或3%辛硫磷颗粒剂5千克/亩，均匀撒施；扬花期可选用4.5%高效氯氰菊酯乳油300倍液、10%吡虫啉可湿性粉剂500倍液+80%敌敌畏乳油300倍液、22%噻虫·高氯氟微囊悬浮剂1 000～1 500倍液对水喷雾。

6.小麦蚜虫

（1）为害特点：小麦蚜虫分有翅蚜和无翅蚜两种。主要种类有：麦长管蚜、麦二叉蚜、禾缢管蚜、无网长管蚜，田间以麦二叉蚜和长管蚜为害为主。前期集中在小麦叶片的正面或背面，后期集中在穗上刺吸汁液。发生严重时，使受害小麦叶片变黄、生长缓慢、分蘖减少、千粒重下降。同时分泌蜜露可诱发煤污病，还可传播多种病毒病。

小麦蚜虫集中在小麦旗叶为害　　小麦蚜虫集中在小麦穗部为害　　小麦蚜虫为害状

（2）物理防治：使用高效信息素诱虫板监测和防治蚜虫发生。监测每亩悬挂3～5片，防治每亩悬挂20～30片。

（3）药剂防治：可选用植物源农药0.5%藜芦碱可溶性液剂500～600倍喷雾防治；0.3%苦参碱水剂800倍喷雾防治；或选用4.5%高效氯氰菊酯乳油1 500倍、10%吡虫啉可湿性粉剂1 500倍液+80%敌敌畏乳油1 000倍液、22%噻虫·高氯氟微囊悬浮剂3 000倍液对水喷雾。

7. 蝼 蛄

（1）为害特点：俗称拉拉蛄，属直翅目蝼蛄科。其成虫和若虫均可为害小麦，以春、秋两季为害较重。秋苗期串垄为害，造成麦根断裂，形成条状死苗；或为害小麦根茎，受害根部呈乱麻状。春季返青后继续为害，严重造成死苗或枯白穗。

蝼　蛄　　　　　　　　　　　　　蝼蛄为害状

（2）药剂防治：播种前拌种可选用种子重量 2‰～3‰的 40% 辛硫磷乳油或 48% 毒死蜱乳油拌种；已发生为害且虫量较大时，选用 40% 辛硫磷乳油或 48% 毒死蜱乳油 500～800 倍液灌根处理。

8. 蛴 螬

（1）为害特点：俗称白地蚕，是金龟甲总科幼虫的总称，种类很多，成虫通称金龟子。秋季为害小麦时，幼虫在地下为害，咬断幼苗根茎，切口整齐，造成幼苗枯死，严重地块造成缺苗断垄。

 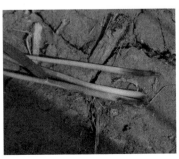

蛴　螬　　　　　　　　　　　　　蛴螬为害状

（2）药剂防治：同蝼蛄防治方法。

9. 金针虫

（1）为害特点：俗称叩头虫、小黄虫，属鞘翅目叩甲科。以幼虫钻入幼苗根茎部取食为害，造成缺苗断垄。

（2）药剂防治：同蝼蛄防治方法。

10. 小麦红蜘蛛

（1）为害特点：以成、若虫刺吸小麦叶片汁液进行为害，受害叶上出现细小白点，严重时整个叶片变灰白，后逐渐变黄、枯萎，造成植株矮小，严重的全株干枯，导致穗小粒轻、千粒重下降。

金针虫为害状

（2）药剂防治：可选用植物源农药 0.5% 藜芦碱可溶性液剂 500 ～ 600 倍喷雾防治；或用 0.3% 苦参碱水剂 800 倍液喷雾防治；或用 1.8% 阿维菌素乳油 3 000 倍液喷雾防治；或用 20% 哒螨灵可湿性粉剂 1 500 倍液对水喷雾。

小麦红蜘蛛为害状

11. 麦田杂草

（1）杂草种类：麦田杂草简单的可以分为阔叶杂草和禾本科杂草，其中阔叶杂草发生主要有荠菜、播娘蒿、葎草、田旋花等；禾本科杂草主要有雀麦、马唐、芦苇等。

播娘蒿田间为害状

葎草田间为害状

荠　菜

田旋花

田旋花田间为害状

雀麦茎

雀麦小穗

雀麦田间为害状

（2）药剂防治：阔叶杂草在小麦分蘖期至拔节期前，杂草2～4叶期，可选用10%苯磺隆可湿性粉剂10克/亩，对水30～40千克进行茎叶喷雾处理；禾本科杂草如雀麦可在小麦播种后，雀麦2～3叶期，选择无风晴天，用70%氟唑磺隆水分散粒剂10 000～15 000倍液、10%精噁唑禾草灵乳油3 000～4 000倍液茎叶喷雾。

二、玉米病虫草害

1.玉米大斑病

（1）症状：主要为害玉米叶片。下部叶片先出现水渍状青灰色斑点，然后沿叶脉向两端扩展，病斑呈长梭型、中央淡褐色，外缘暗褐色，当田间湿度大时，病斑表面产生灰黑色霉状物。严重时病斑融合，造成整个叶片枯死。

玉米大斑病

（2）药剂防治：可选用50%多菌灵可湿性粉剂600倍液、25%三唑酮可湿性粉剂800倍液、30%己唑醇悬浮剂4 000倍液喷雾。

2.玉米小斑病

（1）症状：主要为害玉米叶片，病斑有3种。其一，受叶脉限制的椭圆或近长方形病斑，黄褐色，边缘深褐色；其二，不受叶脉限制的灰褐色椭圆形病斑；其三，为黄褐色坏死小斑点。多数病斑连在一起，造成叶片枯死。

玉米小斑病

（2）药剂防治：同玉米大斑病防治方法。

3. 玉米褐斑病

（1）症状：可为害玉米叶片、叶鞘和茎秆。先在顶部叶片的尖端发生，以叶和叶鞘交接处病斑最多，常密集成行，最初为黄褐色或红褐色小斑点，病斑为圆形或椭圆形到线形隆起，附近的叶组织常呈红色，小病斑常汇集在一起，严重时叶片上出现几段甚至全部布满病斑。在叶鞘上和叶脉上出现较大的褐色斑点，发病后期病斑表皮破裂，叶细胞组织呈坏死状，散出褐色粉末（病原菌的孢子囊），病叶局部散裂，叶脉和维管束残存如丝状。

玉米褐斑病

（2）药剂防治：同玉米大斑病防治方法。

4. 玉米纹枯病

（1）症状：主要为害叶鞘，也可为害茎秆和苞叶，严重时果穗受害。发病初期在基部 1 ～ 2 节叶鞘上产生暗绿色水浸状病斑，后扩展融合成不规则云纹状病斑。中部灰褐色，边缘深褐色。多雨、高湿气候持续时间长时，病部可见褐色菌核。

（2）药剂防治：可选用 50% 甲基硫菌灵可湿性粉剂 500 倍液、50% 多菌灵可湿性粉剂 600 倍液、50% 腐霉利可湿性粉剂 1 000 ～ 2 000 倍液喷雾，喷药重点为玉米基部。

5.玉米粗缩病

（1）症状：是两种常见的玉米病毒病（玉米矮花叶病毒病和玉米粗缩病，两种病毒病均主要是由昆虫传毒引发的）之一。玉米感病后节间缩短，严重矮化，高度仅为健株高的 1/3 ～ 1/2。叶色浓绿，宽且质硬，成对生状。叶背侧脉上有长短不等的蜡白色突起物，也可在后期的叶鞘、雄穗苞叶上见到。苗期感病后幼叶两侧细脉间可见透明呈虚线状的条点，这是初期症状的主要识别标志。感病植株不能正常抽穗或花丝不发达，结实少。

玉米粗缩病病株　　　　玉米粗缩病叶片典型症状

（2）药剂防治：主要是防治传毒媒介灰飞虱、蚜虫等，可在其迁入始期和盛期选用 4.5% 高效氯氰菊酯乳油 1 500 倍液、10% 吡虫啉可湿性粉剂 1 500 倍液 +80% 敌敌畏乳油 1 000 倍液、22% 噻虫·高氯氟微囊悬浮剂 3 000 倍液喷雾预防。

6.玉米矮花叶病毒病

（1）症状：幼苗感病后，心叶基部细脉间出现椭圆形褪绿小点，断续排列成条点花叶状，以后发展为黄绿相间的条纹，不受叶脉的限制，与健部相间形成花叶病状。后期感病病叶叶尖的边缘变紫、干枯。

玉米矮花叶病毒病病株　　　　玉米矮花叶病毒病典型症状

（2）药剂防治：同玉米粗缩病防治方法。

7. 玉米螟

（1）为害特点：玉米螟以幼虫为害玉米叶片、茎秆、雄穗和雌穗。苗期初龄幼虫蛀食嫩叶形成排孔花叶，3龄后幼虫钻蛀玉米茎秆，为害花苞、雄穗和雌穗。造成玉米茎秆易折，雌穗发育不良等。

玉米螟幼虫为害茎秆　　　　玉米螟幼虫为害雌穗

（2）生物防治：①性诱捕技术，成虫扬飞前在田间悬挂亚洲玉米螟诱芯，配套小船诱捕器，根据作物的生长调节诱捕器的高度，监测每公顷用1套，防治每亩用3～5套，1个月左右更换一次诱芯；②可用白僵菌封垛消灭越冬幼虫；③利用天敌防治技术，在玉米螟产卵初期开始放蜂，每亩一次放蜂1万～2万头，每亩放1～2点，每点放一块蜂卡，用牙签、大头针或针线将蜂卡别在玉米中上部叶片的背面，卵面朝外，别牢即可。

释放赤眼蜂防治玉米螟

（3）化学防治方法：在其防治关键时期——玉米心叶期，选用18%杀虫双水剂250毫升/亩，50%辛硫磷乳油200～250毫升与5～10千克细沙土混合均匀，或直接使用4.5%辛硫磷颗粒剂2.5～3千克，与5～10千克沙土混合，均匀撒入玉米心叶。

8.黏　虫

（1）为害特点：黏虫以幼虫咬食玉米叶片或咬断刚出苗的茎秆进行为害。1～2龄幼虫仅食叶肉形成小孔，3龄后形成缺刻，5～6龄进入暴食期，虫量大时，可将叶片全部吃光成光杆。当一块田被吃光时，可成群迁移到另一块田为害。

黏虫幼虫　　　　　　　　　黏虫为害夏玉米

（2）药剂防治：可选用 25% 灭幼脲悬浮剂 50～70 毫升 / 亩、4.5% 高效氯氰菊酯乳油 50～70 毫升 / 亩对水喷雾。

9. 玉米蚜虫

（1）为害特点：玉米幼苗期，蚜虫集中于心叶为害，造成植株生长不良，甚至死亡。穗期密布于叶背、叶鞘、苞叶和花丝处，直接刺吸为害，同时其排泄的"蜜露"黏附在叶片上，形成一层黑色的露状物，引起煤污病，从而影响光合作用，引起减产。此外，还传播玉米矮花叶病毒病，为害更大。

玉米蚜虫聚集在叶片为害　　　　玉米蚜虫为害后形成煤污病

（2）药剂防治：同小麦蚜虫防治方法。

10. 玉米蓟马

（1）为害特点：蓟马个体小，会飞善跳，较喜干燥条件，在低洼、干旱、通风不良的玉米地发生多。蓟马为害造成不连续的银白色食纹并伴有虫粪污点，叶正面相对应的部分呈现黄色条斑。成虫在取食处的叶肉中产卵，对光透视可见针尖大小的白点。为害多集中在自下而上第二至第四叶或第二至第六叶上，即使新叶长出后也很少转向新叶中为害。

玉米蓟马

（2）药剂防治：可选用 25 克/升多杀霉素悬浮剂 1 000 倍液、4.5% 高效氯氰菊酯乳油 1 500 倍液、30% 乙酰甲胺磷乳油 1 000 倍液对水喷雾防治。

11. 褐足角胸叶甲

（1）为害特点：主要以成虫取食叶肉，被害部呈不规则白色网状斑和孔洞；为害心叶可使心叶卷缩在一起呈牛尾状，不易展开。从玉米苗期至成株期均可受害，但以玉米抽雄前受害最重。一般每年 6 月下旬到 8 月上旬为成虫为害玉米盛期，尤其是夏玉米苗期受害严重，对玉米造成较大损失。幼虫生活于土中，害食植株根部，并于土中化蛹羽化后，为害植物地上部分。

（2）形态特征：玉米褐足角胸叶甲属鞘翅目叶甲科，成虫卵形或近方形，前胸背板呈六角形，两侧中间突出为尖角，体长 3～5.5 毫米，体色变异大，一般为铜绿、蓝绿和棕黄 3 种类型。

褐足角胸叶甲

褐足角胸叶甲为害玉米状

（3）药剂防治：可选用 4.5% 高效氯氰菊酯乳油 1 500 倍液、30% 乙酰甲胺磷乳油 1 000 倍液、48% 毒死蜱乳油 1 500 倍液对水喷雾。

12. 玉米田杂草

（1）杂草种类：玉米田杂草主要以一年生杂草为主，部分地区同时还有越年生杂草。主要杂草种类有：马唐、牛筋草、稗草、狗尾草、反枝苋、马齿苋、龙葵、铁苋菜、打碗花、苍耳、葎草等。春玉米生长期长，前期以稗草、狗尾草、藜、苍耳等为主；中后期以刺菜、打碗花、蒿等为主。夏玉米生长期较短，播种时正值高温多雨季节，主要以牛筋草、马唐、反枝苋、马齿苋等为主。

苍　耳　　　　　　　　　　　　　龙　葵

打碗花　　　　　　　　　　　　　马　唐

马齿苋　　　　　　　　　　　　　狗尾草

（2）药剂防治：在玉米播后苗前，可亩用40%莠去津100～150毫升＋50%乙草胺100毫升/亩或40%乙·莠悬浮剂300～400克对水40～50千克进行地面喷雾。如果免耕覆盖田秸秆量大，可适当加大药液量，使药剂下淋扩散，提高防治效果。未进行土壤封闭处理或者封闭效果不好的地块，玉米苗后 4～7 叶期，杂草 2～4 叶期，可亩用 40% 烟嘧磺隆 70～100 毫升，对水 20～30 千克或 55% 硝磺·莠去津悬浮剂（春玉米 100～150 毫升、夏玉米 80～120 毫升）对水 15～30 千克均匀喷雾。

注：烟嘧磺隆不适用于甜玉米、糯玉米及京科系列敏感品种，应引起注意，避免产生药害。

三、茄科蔬菜病虫害

1. 番茄黄化曲叶病毒病

（1）症状：苗期至成株期均可发病。发病初期，上部叶片首先表现黄化型花叶，叶片有皱褶，向上卷曲，变小，变厚，叶片僵硬，生长点黄化，上部嫩叶症状明显，下部老叶症状不明显。茎秆上部变粗，节间变短，多分枝，生长缓慢或停滞，植株明显矮化，后期发病严重时，开花后坐果困难，果实不能正常转色，导致减产或绝收。

番茄黄化曲叶病毒病　　　　　　番茄黄化曲叶病毒病后期病株

（2）药剂防治：可选用 6% 寡糖·链蛋白可湿性粉剂 600～800 倍液、40% 烯羟吗啉胍可溶性粉剂 1 000～1 500 倍液喷雾防治，或者在病害发生前控制传毒介体烟粉虱进行预防。

番茄黄化曲叶病毒病田间为害状

2. 早疫病

（1）主要为害作物：该病主要在番茄、茄子上发病。

（2）症状：苗期、成株期均可染病，主要侵染叶、茎、果。叶片发病初期呈针尖大小的黑点，后不断扩展成轮纹状，边缘多具浅绿色或黄色晕圈，中部有同心轮纹。茎部染病，多在分枝处产生褐色至深褐色不规则圆形或椭圆形病斑，表面生灰黑色霉状物。叶柄受害，产生椭圆形轮纹斑，深褐色或黑色，一般不将茎包住。果实染病，始于花萼附近，初为椭圆形或不定形褐色或黑色斑，凹陷，直径 10～20 毫米，后期果实开裂，病部较硬，密生黑色霉层，提早变红。

番茄早疫病病叶

番茄早疫病病果

番茄早疫病茎部病斑

（3）药剂防治：可选用 50% 异菌脲可湿性粉剂 600 ～ 800 倍液、80% 代森锰锌可湿性粉剂 400 ～ 500 倍液、42.8% 氟菌·肟菌酯悬浮剂 4 500 ～ 5 000 倍液喷雾防治。

3. 晚疫病

（1）主要为害作物：主要为害番茄、马铃薯等作物。

（2）症状：幼苗、叶、茎和果实均可染病。幼苗染病，病斑由叶片向茎蔓延，使茎变细并呈黑褐色，萎蔫或折倒，湿度大时病部表面生有白霉。叶片染病，多从植株下部叶片叶尖或叶缘处开始发病，初为暗绿色水浸状不定形病斑，扩大后转为褐色，湿度大时，叶背病健交界处长有白霉。茎上病斑呈腐败状，导致植株萎蔫。果实染病主要发生在青果上，病斑初呈油浸状暗绿色，后变为棕褐色至暗褐色，稍凹陷，边缘明显，果实一般不变软，湿度大时果实上长有少量白霉，迅速腐烂。

番茄晚疫病为害叶正面

番茄晚疫病为害叶背面

番茄晚疫病病果

高湿环境长出的白色霉层

番茄晚疫病田间为害状

（3）药剂防治：可选用 72% 霜脲·锰锌可湿性粉剂 600 ～ 800 倍液、250 克/升嘧菌酯悬浮剂 4 000 ～ 4 500 倍液、687.5 克/升氟菌·霜霉威悬浮剂 1 200 ～ 1 500 倍液喷雾。

4. 灰霉病

（1）主要为害作物：主要为害番茄、茄子、辣椒等作物。

（2）症状：苗期至成株期花、果、叶、茎均可发病。叶片发病从叶尖开始，沿叶脉间成"V"形向内扩展，灰褐色，有深浅相间的纹状线，病健交界分明，高湿时表面生有灰霉。果实染病，青果受害重，残留的柱头或花瓣多先被侵染，后向果实扩展，致使果皮呈灰白色，并生有厚厚的灰色霉层，呈水腐状。

番茄灰霉病病叶　　　　番茄灰霉病病果　　　　大椒灰霉病病果

（3）药剂防治：可选用400克/升嘧霉胺悬浮剂600～1000倍液、43%腐霉利悬浮剂900～1200倍液、60%乙霉·多菌灵可湿性粉剂400～800倍液、50%啶酰菌胺水分散粒剂2000倍液喷雾防治。

5. 菌核病

（1）主要为害作物：主要侵染番茄、辣椒、茄子等作物。

（2）症状：主要为害保护地作物的果实、叶片、茎。叶片多从叶缘开始，初呈水浸状，暗绿色，无定形病斑，潮湿时长出白霉，后期叶片灰褐色枯死。茎部染病，灰白色，稍凹陷，后期表皮纵裂，病斑大小、形状、长短不等，边缘水渍状，发生严重时，表面和病茎内均生有白色菌丝及黑色菌核。果实被害多从果柄开始向果实蔓延，病部灰白色至淡黄色，斑面长出白色菌丝及黑色菌核，病果软腐。

大椒感染菌核病

大椒菌核病病茎和病果

番茄菌核病初期病果

番茄菌核病后期病果

（3）药剂防治：定植前可选用20%辣根素水乳剂5升/亩随滴灌进行土壤处理，待药液全部滴入后覆膜密闭棚室2～3天，揭膜后1～2天即可定植；

定植后可选用 43% 腐霉利悬浮剂 900 ～ 1 200 倍液、$1×10^6$ 个孢子 / 克寡雄腐霉 3 000 倍液进行灌根处理。

6. 根结线虫病

（1）主要为害作物：主要为害番茄、辣椒、茄子等作物。

（2）症状：病害主要发生在根部的须根和侧根上。病部肿大成不规则一串串瘤状，大小不一，剖开根结有乳白线虫。地上部植株生长衰弱、矮小，生长不良，结实少而小。当天气干旱或水分供应不足时，中午前后地上部常出现萎蔫，严重时植株枯死。

番茄根结线虫病地上部植株症状　　　　番茄根结线虫病根部症状

（3）药剂防治：可在播种前用 1.8% 阿维菌素乳油 1.3 ～ 2 毫升 / 平方米对苗床进行处理；定植前 1.8% 阿维菌素乳油 0.9 ～ 1.4 千克 / 亩或 10% 噻唑膦颗粒剂 1.5 ～ 2 千克 / 亩，拌细（沙）土 40 千克，撒施、沟施或穴施，进行土壤处理。

7. 叶霉病

（1）主要为害作物：主要为害番茄。

（2）症状：叶霉病主要为害叶片。发病初期，叶背生白色霉斑，病斑近圆形或不规则形。病斑多时可相互融合，布满叶背，后期病斑转褐色至墨绿色。被害叶片正面，出现椭圆形或不规则淡黄色褪绿斑，叶背病斑上长出墨绿色霉层，随着叶背霉斑的扩大，叶面黄色区也扩大直至全叶枯黄，严重时叶片正面也会产生霉斑，导致叶及整株干枯。

番茄叶霉病叶正面病斑　　　　番茄叶霉病叶背面病斑

（3）药剂防治：可选用 47% 春雷霉素·王铜可湿性粉剂 600～800 倍液、10% 苯醚甲环唑水分散粒剂 800～1 500 倍液、42.8% 氟菌·肟菌酯悬浮剂 4 000～6 000 倍液喷雾防治。

8. 棉铃虫

（1）主要为害作物：可为害番茄、辣椒等作物。

（2）为害特点：棉铃虫为杂食性害虫，是喜温喜湿性害虫。主要为害叶和果实，有钻蛀性和转主为害的特性，被其钻蛀过的果实失去商品性。

（3）形态特征：①成虫。成虫体长 14～18 毫米，翅展 30～38 毫米，灰褐色。前翅长度等于体长，前翅具褐色环状纹及肾形纹，肾纹前方的前缘脉上有一褐纹，肾纹外侧为褐色宽横带，端区各脉间有黑点。后翅黄白色或淡褐色，端区褐色或黑色。②卵。卵约 0.5 毫米，半球形，乳白色，具纵横网格。③幼虫。体色多变（所谓 1 龄白，2 龄黑，3 龄黄绿色，还有淡红、紫黑色）；北京地区一年发生 4 代，露地番茄以第二代，保护地番茄以第三、第四代为害较重。

番茄棉铃虫卵　　　　　　　番茄棉铃虫为害果实状

（4）生物防治：成虫扬飞前在田间悬挂棉铃虫诱芯，配套诱捕器，监测每公顷用 1 套，防治每亩用 3 ～ 5 套，1 个月左右更换一次诱芯。

悬挂棉铃虫诱芯　　　　　　　　悬挂诱捕器

（5）药剂防治：可选用 4.5% 高效氯氰菊酯乳油 1 000 ～ 1 500 倍液、2% 甲氨基阿维菌素苯甲酸盐乳油 6 000 ～ 8 000 倍液、25% 灭幼脲悬浮剂 1 000 ～ 1 200 倍液喷雾防治。

9. 潜叶蝇

（1）主要为害作物：可为害番茄、辣椒、茄子等作物。

（2）为害特点：幼虫孵化后潜食叶肉，在叶片上形成蛇形弯曲虫道，仅留表皮，虫道的终端不明显变宽。上部叶片和底部叶片均会发生，发生严重时叶片在很短时间内就被钻花干枯，至叶片坏死，严重影响植株的光合作用。

番茄潜叶蝇为害状

（3）药剂防治：可选用 10% 溴氰虫酰胺可分散油悬浮剂 8 000 倍液、10% 灭蝇胺悬浮剂 1 500 ～ 2 000 倍液、30% 阿维·杀单可湿性粉剂 1 500 ～ 2 000 倍液对水喷雾。

10. 烟粉虱

（1）主要为害作物：可为害番茄、茄子、辣椒等多种茄科作物。

（2）发生特点：以成虫、若虫聚集在植株中上部叶片背面，吸食汁液，受害叶褪绿、变黄、萎焉或枯死。为害时分泌蜜露，产生灰黑色霉状物，引发煤污病；更严重的是传播番茄黄化曲叶病毒病，影响作物产量和品质。高温、干旱、强光照的气候条件，利于烟粉虱的发育繁殖和迁飞。

（3）形态特征：①成虫。雌虫体长（0.91±0.04）毫米，翅展（2.13±0.06）毫米，雄虫体长（0.85±0.05）毫米，翅展（1.81±0.06）毫米。虫体淡黄白色到白色，复眼红色，肾形，翅白色无斑点，停息时左右翅合拢呈屋脊状（与温室白粉虱的区别）。②卵。椭圆形，有小柄，与叶面垂直，卵柄通过产卵器插入叶内，卵初产时淡黄绿色，孵化前颜色加深，呈琥珀色至深褐色，但不变黑。卵不规则散产，多产在背面。每头雌虫可产卵 30 ～ 300 粒，在适合的植物上平均产卵 200 粒以上。从卵发育到成虫需要 18 ～ 30 天不等。③若虫（3 龄）。椭圆形。1 龄体长约 0.27 毫米，宽 0.14 毫米，有触角和足，能爬行，一旦成功取食合适寄主的汁液，就固定下来取食直到成虫羽化。2 龄、3 龄体长分别为 0.36 毫米和 0.50 毫米。

烟粉虱为害大椒　　　　　　　　烟粉虱为害番茄

（4）药剂防治：可选用 25% 噻嗪酮可湿性粉剂 1 000 ～ 1 500 倍液、25% 噻虫嗪水分散粒剂 3 000 ～ 5 000 倍液、22% 氟啶虫胺腈悬浮剂 8 000 倍液对水喷雾。

11. 温室白粉虱

（1）主要为害作物：可为害番茄、茄子、辣椒等多种茄科作物。

（2）发生特点：以成虫、若虫聚集在植株中上部叶片背面，吸食汁液，受害叶褪绿、变黄、萎蔫或枯死。为害时分泌蜜露，产生灰黑色霉状物，更严重的是传播病毒病，影响作物产量和品质；还可传播病毒病，造成更大为害。高温、干旱、强光照的气候条件，利于其发育繁殖和迁飞。

（3）形态特征：①成虫。长 1 ～ 1.5 毫米，淡黄色，翅面覆盖白色蜡粉，停息时双翅在体上呈平铺状。②卵。长约 0.2 毫米，从叶背气孔插入植物组织中。初产淡绿色，后渐变褐色，孵化前呈黑色，表面覆蜡粉。③若虫。共分 4 个龄期，1 龄若虫体长约 0.29 毫米，长椭圆形；2 龄若虫体长约 0.37 毫米；3 龄若虫体长约 0.51 毫米，淡绿色或黄绿色；4 龄若虫又称伪蛹，体长 0.7 ～ 0.8 毫米，椭圆形，体背有长短不齐的蜡丝，体侧有刺，黄褐色。

温室白粉虱成虫和伪蛹　　　　　温室白粉虱诱发的煤污病

（4）药剂防治：同烟粉虱防治方法。

四、葫芦科蔬菜病虫害

1. 白粉病

（1）症状：该病全生育期均可发生，以生长中后期受害严重。主要为害叶片，叶柄、茎蔓次之。发病初期在叶正面或叶背面及茎蔓上产生白色近圆形小粉斑，以叶面居多，以后向四周扩散形成边缘不明显的连片白粉，即病菌的菌丝和分生孢子。发病后期，白色霉斑逐渐消失，病部呈灰褐色，病叶枯黄坏死。有时在病斑上长出黄褐色至黑褐色小粒点，即病菌的闭囊壳。田间湿度大，白粉病流行的速度加快。

（2）药剂防治：可选用40%氟硅唑乳油8 000倍液、10%苯醚甲环唑水分散粒剂2 000～3 000倍液、50%醚菌酯水分散粒剂3 000～4 000倍液、10%多抗霉素600～800倍液、30%氟菌唑可湿性粉剂1 500～2 000倍液喷雾防治。

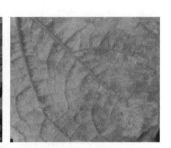

南瓜白粉病病叶　　黄瓜白粉病病叶正面　　黄瓜白粉病病叶背面

2. 根结线虫病

（1）症状：主要为害根部，幼苗及移栽后的成株均可发病。受害植株表现为侧根和须根比正常植株增多，在幼嫩的须根上形成球形或不规则形瘤状物，大小随线虫寄生时间长短和数量而异，单生或串生。瘤状物初为白色，质地柔软，后呈褐色或暗褐色，表面粗糙、龟裂。受害植株多在结瓜后表现

黄瓜根结线虫病地上部植株　　黄瓜根结线虫病植株根部

症状，地上部长势衰弱，叶片由下向上变黄、坏死，至全株萎蔫死秧。病害发生保护地重于露地，沙土常较黏土发生重。

（2）药剂防治：同茄科作物根结线虫病防治方法。

3. 细菌性角斑病

（1）症状：苗期、成株期均可受害。可为害叶片、叶柄、卷须和果实，严重时也侵染茎蔓。子叶染病初呈水渍状近圆形凹陷斑，以后呈黄褐色坏死。真叶染病初为暗绿色水渍状多角形，以后变成淡黄褐色多角形病斑，湿度高时叶背溢出乳白色浑浊水膜状菌脓，干后留下白痕，病部质脆易破裂穿孔。茎蔓、叶柄、卷须染病，在病部出现水渍状小点，沿茎沟纵向扩展呈短条状，湿度高时溢出菌脓，严重时，纵向开裂呈水渍状腐烂，干燥时，茎蔓变褐干枯，表层留下白痕。瓜条染病呈现水渍状小斑，以后扩展成不规则形或连片，在病部溢出大量污白色菌脓，病菌侵入种子致种子带菌。在降水多、光照少、大水漫灌、地势低洼、排水不良、昼夜温差大及结露时间长的条件下，发病严重。

黄瓜角斑病病叶正面　　　　　　　黄瓜角斑病病斑破裂

（2）药剂防治：可选用47%春雷霉素·王铜可湿性粉剂600～800倍液、72%农用链霉素可溶性粉剂4 000～5 000倍液、33.5%喹啉铜悬浮剂3 000～4 000倍液、20%噻菌铜悬浮剂500～600倍液喷雾防治。

4. 霜霉病

（1）症状：此病全生育期都可发生，主要为害叶片。子叶染病后初呈褪绿黄斑，扩大后呈黄褐色。真叶染病叶缘或叶背面出现水渍状病斑，逐渐扩大受叶脉限制呈多角形淡黄褐色或黄褐色斑块，湿度高时叶背面或叶面均长出灰黑色霉层，即病菌的孢囊梗和孢子囊。后期病斑连片致叶缘卷缩干枯，严重时植株一片枯黄。天气忽冷忽热、昼夜温差大、结露时间长、多阴雨、光照少的天气，以及地势低洼、浇水过多、种植过密的地块，均有利该病的发生和流行。

黄瓜霜霉病病叶正面　　　黄瓜霜霉病田间为害状　　　甜瓜霜霉病病叶背面

（2）药剂防治：可选用 72% 霜脲·锰锌可湿性粉剂 600～800 倍液、60% 唑醚·代森联水分散粒剂 1 500～2 500 倍液、52.5% 噁唑菌酮·霜脲氰水分散粒剂 3 500～4 500 倍液、72.2% 霜霉威盐酸盐水剂 600～800 倍液喷雾防治。保护地也可选用 45% 百菌清烟剂 0.5 千克/亩熏烟防治。

5. 炭疽病

（1）症状：从幼苗到成株皆可发病，幼苗发病，多在子叶边缘出现半椭圆形淡褐色病斑，上有橙黄色点状胶质物；成叶染病，病斑近圆形，直径 4～18 毫米，灰褐色至红褐色，严重时，叶片干枯；茎蔓与叶柄染病，病斑椭圆形或长圆形，黄褐色，稍凹陷，严重时病斑连接，绕茎一周，植株枯死；瓜条染病，病斑近圆形，初为淡绿色，后成黄褐色，病斑稍凹陷，表面有粉红色黏稠物，后期开裂。

（2）药剂防治：可选用 70% 甲基硫菌灵可湿性粉剂 600 倍液、60% 苯醚甲环唑水分散粒剂 6 000～8 000 倍液、或 60% 唑醚·代森联水分散粒剂 600～1 000 倍液喷雾防治。

西瓜炭蛆病病叶　　　　　　　　黄瓜炭蛆病后期

6.枯萎病

（1）症状：多在开花结瓜后陆续发病，病株初期表现为中下部叶片或植株一侧叶片褪绿，中午萎蔫下垂，早晚恢复，似缺水状，以后萎蔫叶片不断增多至逐渐遍及全株，最后整株枯死。茎蔓发病，在主蔓基部一侧形成长条形凹陷斑，湿度高时病茎纵裂，其上产生白色至粉红色霉层，剖茎可见维管束变褐，有时病部可溢出少许琥珀色胶质物。天气闷热潮湿，长期连作，管理粗放，施肥伤根等利于发病。

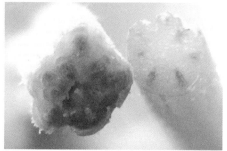

甜瓜枯萎病　　　　黄瓜枯萎病病（左）健（右）维管束比较

（2）药剂防治：可选用0.5%小檗碱水剂500倍液、70%甲基硫菌灵可湿性粉剂400～500倍液、60%唑醚·代森联水分散粒剂600～1 000倍液喷雾或灌根。

7.蔓枯病

（1）症状：全生育期均可发生，叶片、叶柄、茎蔓、瓜果均可受害，主要为害叶片和茎蔓。叶片病斑为近圆形或不规则形，或由叶缘向内发展呈"V"形或半圆形，茎蔓发病多在茎基和茎节附近，有时流出琥珀色或乳白色至红褐色胶状物，病茎纵裂呈乱麻状，维管束不变色；病部产生明显的小黑点。种子可带菌传播，条件适宜时病菌从气孔、水孔或伤口侵入引起发病，通过浇水、气流传播。

黄瓜蔓枯病病茎

（2）药剂防治：可选用80%代森锰锌可湿性粉剂600倍液、50%异菌脲可湿性粉剂800～1 000倍液、70%甲基硫菌灵可湿性粉剂600倍液喷雾或灌根。

8.黄瓜绿斑驳花叶病毒病

（1）症状：黄瓜绿斑驳花叶病毒病分绿斑花叶和黄斑花叶两种类型。绿斑花叶型苗期染病幼苗顶尖部的2～3片叶子现亮绿或暗绿色斑驳，叶片较平，产生暗绿色斑驳的病部隆起，新叶浓绿，后期叶脉透明化，叶片变小，引起植株矮化，叶片斑驳扭曲，呈系统性传染。瓜条染病现浓绿色花斑，有的也产生瘤状物，致果实成为畸形瓜，影响商品价值，严重的减产25%左右。黄斑花叶型其症状与绿斑花叶型相近，但叶片上产生淡黄色星状疱斑，老叶近白色。土壤黏重、偏酸，多年重茬，土壤积累病菌多的易发病。氮肥施用太多、生长过嫩、播种过密、株行间郁闭，抗性降低的易发病。肥力不足、耕作粗放、杂草丛生的田块易发病。种子带菌或用易感病种子易发病。

黄瓜病叶

西瓜病叶

（2）药剂防治：可选用 20% 盐酸吗啉胍·铜可湿性粉剂 400 ～ 500 倍液、6% 寡糖·链蛋白可湿性粉剂 600 ～ 800 倍液、40% 烯羟吗啉胍可溶性粉剂 1 000 ～ 1 500 倍液、0.5% 菇类蛋白多糖水剂 200 ～ 300 倍液喷雾防治。

9. 烟粉虱 / 温室白粉虱

（1）为害特点：此虫为黄瓜上常见害虫，成虫和若虫吸食植物汁液，被害叶片褪绿、变黄、萎蔫，除直接为害外，还可造成煤污病。粉虱成虫活动最适温度 25 ～ 30℃。在生产温室条件下，一年可发生 10 余代，约 1 个月完成一代，冬季在室外不能存活，因此，冬季温室作

烟粉虱为害黄瓜

物上的粉虱是露地蔬菜上的虫源，由春季至秋季持续发展，夏季高温多雨抑制作用不明显，到秋季数量达高峰。由于温室、大棚和露地蔬菜生产紧密衔接和相互交替，使粉虱周年发生，防治困难。

（2）药剂防治：同茄科作物烟粉虱的防治方法。

10. 潜叶蝇

（1）为害特点：主要以幼虫钻食叶肉组织，在叶片上形成由细变宽的蛇形弯曲隧道，多为白色，有的后期变为铁锈色，发生严重时叶片在很短时间内就被钻花干枯，至叶片坏死，严重影响植株的光合作用。温室可全年发生，大棚在初夏和秋季形成 2 个发生高峰期，露地 7 ～ 9 月为发生高峰期。

潜叶蝇为害状

（2）药剂防治：同茄科作物潜叶蝇防治方法。

11. 瓜　蚜

（1）为害特点：瓜蚜以成虫和若虫在瓜菜叶片背面和幼嫩组织上吸食作物汁液。瓜苗嫩叶和生长点受害后，叶片卷缩，瓜苗萎蔫，严重时导致植株枯死。老叶受害时，可使叶片提前老化枯死，缩短结瓜期或影响幼瓜生长，造成减产。除直接为害

黄瓜蚜虫

外，瓜蚜还可传播病毒病，造成进一步的为害和损失。

（2）药剂防治：可选用10%吡虫啉可湿性粉剂1 000～1 500倍液、0.38%苦参印楝素500～750倍液、20%吡虫啉浓可溶剂4 000倍液、5%桉油精乳油600～800倍液对水喷雾。

12. 蓟　马

（1）为害特点：以成虫和若虫锉吸瓜菜的嫩梢、嫩叶、花和果的汁液，使被害组织老化坏死，枝叶僵缩，植株生长缓慢，幼瓜表皮硬化变褐或开裂，严重影响产量与质量。

（2）药剂防治：瓜菜生长期可选用1.8%阿维菌素乳油3 000～4 000倍液、

蓟马为害黄瓜叶片

10%吡虫啉可湿性粉剂2 500倍液、60克/升乙基多杀菌素1 500倍液、48%毒死蜱乳油1 500倍液对水喷雾防治。

五、菊科蔬菜病虫害

1. 霜霉病

（1）症状：此病从幼苗到成株期均可发病，以成株期受害较重，主要为

害叶片，由下部叶片向上发展。发病初期叶片正面产生浅黄色近圆形至多角形斑，空气潮湿时叶背面产生霜状霉层，有时可蔓延到叶面，后期病斑呈黄褐色连片枯死。田间种植过密、空气湿度大、夜间结露时间长、春末夏初或者秋季连续阴雨天易发病。

生菜霜霉病病叶正面　　　　生菜霜霉病病叶背面　　　　莴笋霜霉病病叶

（2）药剂防治：同葫芦科蔬菜霜霉病防治方法。

2. 灰霉病

（1）症状：此病从根茎或下部叶片开始发生。引起叶面萎蔫或枯黄，最后腐烂。根茎受害初期呈水渍状，迅速扩展，使根茎腐烂，病部产生灰色霉层。病菌从叶缘侵染时，病斑呈弧形，初为水渍状，逐渐扩大呈黄褐色，有明显轮纹，上生灰霉。植株叶面有水滴、管理造成的伤口、生长衰弱容易感病。在冬季温室和春秋各种保护地生产发病较多。

（2）药剂防治：同茄科蔬菜灰霉病防治方法。

生菜灰霉病病斑　　　　　　　生菜灰霉病霉层

3. 菌核病

（1）症状：该病主要为害茎基部。最初病部为黄褐色水渍状，逐渐扩展至整个茎部发病，引起烂帮和烂叶。保护地湿度偏高时，在病部会产生浓密白色絮状菌丝，后期转变成黑色鼠粪状菌核。菌核病属于土传病害，病菌以菌丝体残留在土壤中越冬，病菌先侵染植株根茎部或基部叶片，受害病叶与相邻植株接触即可传染。保护地 1—3 月、11—12 月发生重。

 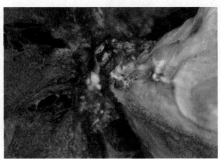

生菜菌核病病株　　　　　　　　生菜茎部白色菌丝及菌核

（2）药剂防治：同茄科作物菌核病防治方法。

4. 软腐病

（1）症状：此病常在生菜生长中后期或者结球期发生，多从植株基部伤口处感染。初期呈半透明状，以后病部扩展呈不规则斑，水渍状并有浅灰色黏稠物，有恶臭气味，随病情发展病害沿基部向上扩展，使菜球腐烂。地势低洼、排水不良的地块、田间水肥管理不当、害虫数量多或因农事操作等造成的伤口多时发病严重。

（2）药剂防治：同葫芦科细菌性角斑病防治方法。

5. 潜叶蝇

（1）为害特点：主要以幼虫钻食叶肉组织，在叶片上形成蛇形弯曲隧道，多为白色，发生严重时叶片在很短时间内就被钻花，导致叶片呈枯白色，严重影响植株的光合作用。

潜叶蝇为害状 　　　　　　　潜叶蝇潜道内化蛹

（2）药剂防治：同茄科作物潜叶蝇防治方法。

6.甜菜夜蛾

（1）为害特点：以幼虫为害，初孵幼虫群集叶背，吐丝结网，在网内取食叶肉，留下表皮。3龄后将叶片吃成孔洞或缺刻，严重时将叶片食成网状，可钻蛀蔬菜的球茎。在露地秋茬作物上为害严重。

甜菜夜蛾为害生菜

（2）形态特征：是一种世界性分布、间歇性大发生的以为害蔬菜为主的杂食性害虫。①成虫。体长10～14毫米，翅展25～34毫米，体灰褐色。前翅中央近前缘外方有肾形斑1个，内方有圆形斑1个，后翅银白色。②卵：圆馒头形，白色，表面有放射状的隆起线。③幼虫。体长约22毫米。体色变化很大，有绿色、暗绿色至黑褐色。腹部体侧气门下线为明显的黄白色纵带，有的带粉红色，带的末端直达腹部末端，不弯到臀足上去。④蛹。体长10

诱捕器

毫米左右，黄褐色。

（3）生物防治：性诱捕技术，在甜菜夜蛾发生时期，田间悬挂甜菜夜蛾诱芯，配套夜蛾类诱捕器。放置高度距地面 1～1.5 米为最佳。监测每公顷放置 1 套，防治每亩放 1～2 套，1 个月左右更换一次诱芯。

（4）药剂防治：可选用 2.2% 甲氨基阿维菌素苯甲酸盐微乳剂 2 500～3 000 倍液、25 克/升多杀霉素悬浮剂 1 000 倍液或 25% 灭幼脲悬浮剂 500～1 000 倍液对水喷雾。

六、葱蒜类病虫害

1. 霜霉病

（1）症状：此病主要为害叶片，叶片染病，初生黄白色至灰绿色病斑，近椭圆形至纺锤形，边缘模糊。空气干燥病斑呈苍白绿色，长椭圆形至不规则形，严重时波及上半叶，致植株黄化枯死。湿度高时病部产生较稀疏白色至灰紫色霉层。花梗染病亦产生近长椭圆形病斑，易从病部折断枯死。

（2）药剂防治：同葫芦科蔬菜霜霉病防治方法。

霜霉病为害葱叶

2. 锈 病

（1）主要为害作物：该病在葱、蒜、韭类蔬菜上均有发生。

（2）症状：主要发生在叶片上，也有在叶鞘上发生。发病初期叶片上出现零星白色突出的小泡点，后发展成圆形、椭圆形或梭形小斑。后期颜色由白转黄，表皮开裂，裂开的表皮下有橙黄色粉末。严重时葱叶上布满病斑，破裂后会留下疤痕，造成水分大量耗损，腐生菌侵入，不久后会枯死或者腐烂。

锈病为害葱叶　　　　　　　　　锈病为害蒜叶

（3）药剂防治：可选用10%苯醚甲环唑可湿性粉剂2 000～3 000倍液、30%氟菌唑可湿性粉剂4 000～6 000倍液、15%三唑酮可湿性粉剂1 500倍液对水喷雾。

3. 紫斑病

（1）主要为害作物：该病在葱、蒜、韭上均有发生。

（2）症状：主要侵害叶和花梗。发病初期呈水浸状白色斑点，病斑迅速扩大形成纺锤形的凹陷斑，先为淡褐色，随后变为褐色至青紫色，周围具有黄色晕圈。此后有的逐渐褪色并形成同心轮纹，湿度大时斑面上产生黑褐色煤粉状霉。如果病斑围绕叶或花梗扩大，可使之从病斑处折断。

紫斑病为害葱叶　　　　　　　　紫斑病为害蒜叶

（3）药剂防治：可选用50%异菌脲可湿性粉剂1 500倍液、80%代森锰锌可湿性粉剂800倍液、10%苯醚甲环唑可湿性粉剂5 000～6 000倍液对水喷雾。

4.叶枯病

（1）主要为害作物：该病在葱、蒜、韭类蔬菜上均有发生。

（2）症状：主要为害叶和花梗。为害病叶多从下部叶片叶尖开始发病扩展。病斑初为白色小圆点，扩大后呈不规则形或椭圆形，为灰白色或灰褐色，病部生黑色霉状物，严重时病叶枯死。花梗受害易从病部折断，最后病部散生许多黑色小粒点。受害植株前期长势弱，后期矮黄萎缩。大蒜发病会造成迟抽薹或不抽薹。

（3）药剂防治：同紫斑病防治方法。

叶枯病为害蒜叶

5.灰霉病

（1）主要为害作物：该病在葱、蒜、韭类蔬菜上均有发生。

（2）症状：此病主要为害叶片，初在叶片中上部产生灰白色小点，以后发展呈白色坏死斑，椭圆至近梭形，多个病斑逐渐连接成片至扭曲枯死。韭、蒜类多从叶尖开始发病。潮湿时枯叶上生大量灰色的霉层，多由叶尖向下发展致叶尖枯死，严重时植株成片枯死。空气干燥时，多造成植株干尖。

灰霉病为害大葱　　　　　　　　　灰霉病为害韭叶

（3）药剂防治：同茄科蔬菜灰霉病防治方法。

6. 潜叶蝇

（1）为害特点：雌成虫先于产卵器在叶片上刺孔，然后通过刺孔取食。取食孔呈白色圆形斑点或圆形刻点，多沿叶片纵向排列整齐，也有分散的。当成虫发生量大时，叶片上布满密密麻麻的取食孔。成虫产卵孔与取食孔明显不同，呈细长椭圆形，多数十几粒呈双列倒"八"字形排列在叶片上。幼虫潜食叶肉组织，形成潜道。

（2）药剂防治：同茄科蔬菜潜叶蝇防治方法。

潜叶蝇为害大葱

7. 蓟　马

（1）为害特点：被害叶面形成密集小白点或长条形斑纹，严重时葱叶扭曲枯黄，大蒜嫩叶受害新根停止生长。

（2）生物防治：同小麦蚜虫生物防治方法。

蓟马为害葱叶　　　　　悬挂黄板

（3）药剂防治：同葫芦科蔬菜蓟马防治方法。

8.根　蛆

（1）为害特点：钻入种子或幼苗茎里为害，或在根茎内由下向上蛀食，使整株死亡，造成缺苗断垄。

（2）药剂防治：可选用50%辛硫磷乳油250毫升/亩、48%毒死蜱乳油40毫升/亩，加沙土20～30千克拌匀撒施，或直接撒施3%辛硫磷颗粒剂5千克/亩，然后浇水。

根蛆为害韭菜

七、十字花科蔬菜病虫害

1.霜霉病

（1）症状：苗期至成株期均可发病。主要为害叶片，从外叶开始侵染，发病初期在叶面上产生黄绿色斑点，后扩大呈多角形或不规则形病斑，空气湿度大时，叶背密生白色霜状霉，随病情发展病斑多时相互连接成片，致使叶片变黄枯死。

大白菜霜霉病病叶正面　　　　　　　　大白菜霜霉病病叶背面

（2）药剂防治：同葫芦科蔬菜霜霉病防治方法。

2. 软腐病

（1）症状：一般多由叶柄基部伤口处侵染，病部出现水渍状淡灰褐色病斑，严重时沿叶柄基部向根部发展，造成根部腐烂，流出黏液，散发出臭味，成为该病的主要特征，别于黑腐病。

（2）药剂防治：同葫芦科蔬菜细菌性角斑病防治方法。

大白菜软腐病病株

3. 细菌性角斑病

（1）症状：此病主要为害叶片，初于叶背出现水浸状稍凹陷的斑点，扩大后呈不规则形膜质角斑，病斑大小不等，叶面病斑呈灰褐色油浸状，湿度大时叶背病斑上溢出污白色菌脓，干燥时，病部易干，质脆，开裂或穿孔，残留叶脉。

大白菜细菌性角斑病病叶正面　　　　大白菜细菌性角斑病病叶背面

（2）药剂防治：同葫芦科蔬菜细菌性角斑病防治方法。

4. 黑腐病

（1）症状：全生育期均可染病，幼苗出土后染病，子叶呈水浸状，根髓部变黑，幼苗枯死。成株染病，引起叶斑或黑脉，叶斑多从叶缘向内扩展，形成"V"形黄褐色枯斑。叶帮染病病菌沿维管束向上扩展，呈淡褐色，造成部分菜帮干腐，与软腐病并发时，致茎或茎

大白菜黑腐病病叶

基部腐烂，严重时植株萎蔫或倾倒。该病腐烂不臭，别于软腐病。

（2）药剂防治：同葫芦科蔬菜细菌性角斑病防治方法。

5. 黑斑病

（1）症状：黑斑病主要为害叶片、叶柄。叶片染病最初为近圆形的褪绿斑，扩大后边缘呈淡绿色至浅黄褐色，有时病斑周围具有黄色晕圈，多具有明显的同心轮纹，严重时多个病斑汇合成大斑，致半个或整个叶片枯死，最后整株叶片由外向内干枯。叶帮上病斑呈椭圆形或长棱形、暗褐色凹陷。

（2）药剂防治：可选用50%异菌脲可湿性粉剂1 000倍液、70%代森锰

锌可湿性粉剂 500 倍液、72% 霜脲·锰锌可湿性粉剂 600 倍液喷雾防治。

大白菜黑斑病病叶

6. 蚜　虫

（1）为害特点：以成虫和若虫在叶片背面和幼嫩组织上吸食作物汁液。嫩叶和生长点受害后，叶片皱缩。除直接为害外，蚜虫还可传播病毒病，引起煤污病。

（2）形态特征：为害白菜的蚜虫主要有桃蚜和萝卜蚜。①桃蚜：无翅雌蚜体长 2.6 毫米，宽 1.1 毫米，体绿色，有时为黄色至红色，头部色深，体表粗糙，背中域光滑，第七、第八腹节有网纹。有翅雌蚜体长约 2 毫米，头部和胸部均为黑色，腹部淡色，背面有淡黑色斑，额瘤明显，向内倾斜。②萝卜蚜：无翅雌蚜体长 2.3 毫米，宽 1.3 毫米，绿色至黑绿色，被薄粉，表皮粗糙，有菱形网纹。有翅雌蚜体长 1.6 ～ 1.8 毫米，头部和胸部均为黑色，腹部绿色，腹管前两侧具黑斑，额瘤不明显。

蚜虫为害状

（3）药剂防治：同葫芦科蔬菜蚜虫防治方法。

7. 菜青虫

（1）形态特征：菜青虫的成虫是菜粉蝶，幼虫称菜青虫。成虫体长12～20毫米，翅展45～55毫米，体灰黑色，翅白色，雌蝶前翅有2个显著的黑色圆斑，雄蝶仅有一个显著的黑斑。卵瓶状，高约1毫米，宽约0.4毫米，初产卵乳白色，后变橙黄色。幼虫体青绿色，背线淡黄色，体表密布细小黑色毛瘤。

菜青虫幼虫及其为害状　　　　　　　　菜青虫蛹

（2）药剂防治：可选用32 000 IU/毫升苏云金杆菌可湿性粉剂3 000～5 000倍液、25%灭幼脲悬浮剂500～1 000倍液、25克/升多杀霉素悬浮剂1 000～1 500倍液、2.2%甲氨基阿维菌素苯甲酸盐微乳剂2 500～3 000倍液对水喷雾。

8. 小菜蛾

（1）形态特征：成虫体长约6毫米，灰褐色或黄褐色，翅展12～15毫米，翅后缘从翅基到外缘有呈三度曲波状黄褐色带。卵扁平，椭圆状，约0.5毫米×0.3毫米，黄绿色。幼虫体长10～12毫米，两头尖，纺锤形，活泼好动，具吐丝下垂习性，俗称"吊丝虫"。

（2）生物防治：性诱捕技术：在小菜蛾发生时期，田间悬挂小菜蛾诱芯，配套小船诱捕器。悬挂高度10～15 cm为宜。监测每公顷放置1套，防治每亩放置3～5套，1个月左右更换一次诱芯。

灯下小菜蛾成虫

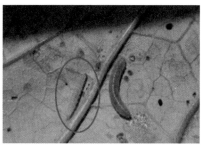
小菜蛾幼虫

小菜蛾茧

小菜蛾诱捕器

（3）药剂防治：可选用2.2%甲氨基阿维菌素苯甲酸盐微乳剂2 500～3 000倍液、10%虫螨腈悬浮剂1 500倍液、25克/升多杀霉素悬浮剂1 000～1 500倍液喷雾防治。

八、豆类蔬菜病虫害

1.锈　病

（1）症状：在叶片正、背面初生淡黄色小斑点，稍有隆起，渐扩大，出现黄褐色的夏孢子堆。表皮破裂后，散出锈褐色粉末，即夏孢子。有时在夏孢子堆的四周，产生许多新的夏孢子堆围成一圈，发病重的叶子，满布锈疱状病斑，使全叶遍布锈粉。夏孢子堆一般多发生在叶片背面，正面对应部位形成褪绿斑点。后期，夏孢子堆转为黑色的冬孢子堆，或者在叶片上长出冬孢子堆。不久冬孢子堆中央纵裂，露出黑色的粉状物，即冬孢子。茎部受害产生的孢子堆较大，呈纺缍形。发病重时，易使茎、叶早枯。

豇豆锈病叶正面　　　　　　　　　　大豆锈病叶背面

（2）药剂防治：同葱蒜类蔬菜锈病防治方法。

2. 炭疽病

（1）症状：炭疽病也是豆类常见而重要的一个病害。通常以菜豆、豇豆和菜用大豆较易受害，从小苗至收获期均可发生，子叶、子茎、叶片、叶柄、茎蔓、荚果及种子皆可受害。病菌侵染，子叶上病斑呈圆形，红褐色至黑褐色，凹陷；茎上病斑为褐色或红锈色，细条形，凹陷和龟裂。成株叶片上病斑主要发生于叶脉上，呈多角形，红褐色至黑褐色；茎上病斑与苗期茎上的相似；荚上病斑呈长椭圆形或近圆形，褐色至黑褐色，边缘常隆起，中央部凹陷，潮湿时各患部斑面上出现朱红色小点或小黑点。

（2）药剂防治：60%苯醚甲环唑水分散粒剂6 000～8 000倍液、60%唑醚·代森联水分散粒剂1 000～2 000倍液、50%硫黄·甲硫灵400～800倍液对水喷雾。

豆类炭疽病为害状

3. 叶斑病

（1）症状：叶斑病常见的有煤斑病（赤斑病）、褐缘白斑病（斑点病）、灰褐斑病和褐轮斑病4种，其中以煤斑病发生较多。煤斑病是在叶面初生赤褐色小斑，后扩展成近圆形或不规则形，无明显界限的病斑，大小1～2厘米，有时汇合成大斑。褐缘白斑的病斑穿透叶的表面、斑点较小，圆形或不规则形，周缘赤褐色，微凸，中部褐色，后转为灰褐色至灰白色。灰褐斑病和褐轮纹斑病的病斑与褐缘白斑病有明

豆类叶斑病病叶背面

显的同心轮纹。以上4种叶斑病的病斑背面均生有灰黑色的霉状物，其中以煤斑病产生的霉状物较多较浓密，其他的叶斑病产生的霉状物则较少较稀。

（2）药剂防治：可选用25%咪鲜胺乳油3 000～4 000倍液喷雾。

4. 根腐病

（1）症状：此病为害根系和根茎部。初在主根或侧生根上产生红褐色水渍状斑，逐渐向上下发展使根系坏死，以后变褐腐烂，并向根茎发展，终致根茎坏死腐烂。

（2）药剂防治：可选用50%多菌灵可湿性粉剂500倍液、25%丙环唑乳油2 000倍液、$1×10^6$个孢子/克寡雄腐霉3 000倍液进行灌根处理。

架豆根腐病

5. 病毒病

（1）症状：病毒病是为害较大的一类传染性病害。豆类病毒病的症状依每一种豆类感染的病毒病不同而各有特点。如多种豆类的花叶病，叶片表现明脉、浓绿与淡绿相间的斑驳花叶、叶片畸形皱缩、叶片变小。又如，豇豆

丛枝病，除叶片变小，叶面皱缩、卷曲外，其最大特点是叶腋簇生多条不定枝而表现为丛枝状，豆荚短而卷曲，尾端尖细如鼠尾状。上述豆类病毒病症状的共同点是：病株矮小，开花迟缓或易落花，或不开花结荚，荚果少而小，畸形或变色。病株荚果产量和质量都大为降低，经济损失明显。

（2）药剂防治：同番茄黄化曲叶病毒病防治方法。可通过防控蚜虫、蓟马、粉虱等传毒介体进行预防。

豆类病毒病病叶

6.蚜　虫

（1）为害特点：豆蚜成虫和若虫刺吸嫩叶、嫩茎、花及豆荚的汁液，使叶片卷缩发黄，嫩荚萎缩，影响生长发育，造成减产。其常常引起煤污病、病毒病等间接为害。

（2）药剂防治：同葫芦科蔬菜蚜虫防治方法。

豆蚜为害状

7. 豆荚螟

（1）为害特点：幼虫蛀荚，取食豆粒，严重影响产量和质量。

（2）形态特征：①成虫。体长 10～12 毫米，翅展 20～24 毫米，体灰褐色或暗黄褐色。前翅狭长，沿前缘有一条白色纵带，近翅基 1/3 处有一条金黄色宽横带。后翅黄白色，沿外缘褐色。②卵。椭圆形，长约 0.5 毫米，表面密布不明显的网纹，初产时乳白色，渐变红色，孵化前呈浅菊黄色。③幼虫。共 5 龄，老熟幼虫体长 14～18 毫米，初孵幼虫为淡黄色。以后为灰绿直至紫红色。4～5 龄幼虫前胸背板近前缘中央有"人"字形黑斑，两侧各有 1 个黑斑，后缘中央有 2 个小黑斑。④蛹。体长 9～10 毫米，黄褐色，臀刺 6 根，蛹外包有白色丝质的椭圆形茧。

豆荚螟为害花与荚

（3）药剂防治：可选用 10% 溴虫氰酰胺可分散油悬浮剂 6 000 倍液、10% 氯氰·敌敌畏乳油 6 000～8 000 倍液、200 克/升氯虫苯甲酰胺悬浮剂 8 000 倍液喷雾。

8. 螨　类

（1）为害特点：若螨、成螨在叶背面吸食汁液，致叶片出现褪绿斑点，逐渐变成灰白色斑和红色斑。严重时叶片枯焦脱落，田块如火烧状，造成植株早衰，缩短结果期，降低产量和品质。

（2）药剂防治：可选用 1.8% 阿维菌素乳油 2 500～3 000 倍液、0.5% 藜芦碱可溶液剂 3 000 倍液、43% 联苯肼酯悬浮剂 2 000～3 000 倍液喷雾。

9. 蓟　马

（1）为害特点：成虫和若虫为害蔬菜花器，影响开花结实，也为害幼苗、嫩叶和嫩荚。严重时显著降低产量和质量。

（2）药剂防治：同葫芦科蔬菜蓟马防治方法。

豆类蓟马为害状

九、草莓病虫害

1. 灰霉病

（1）症状：主要为害花、叶和果实，也侵害叶柄。发病多从花期开始，病菌最初从将开败的花或较衰弱的部位侵染，使花呈浅褐色坏死腐烂，产生灰色霉层。叶多从基部老黄叶边缘侵入，形成"V"形黄褐色斑，或沿花瓣掉落的部位侵染，形成近圆形坏死斑，其上有不甚明显的轮纹，上生较稀疏灰霉。果实染病多从残留的花瓣或接触地面的部位开始，也可从早期与病残组织接触的部位侵入，初呈水渍状灰褐色坏死，随后颜色变深，果实腐烂，表面产生浓密的灰色霉层。叶柄发病，呈浅褐色坏死、干缩，其上产生稀疏灰霉。

草莓灰霉病病果　　　　　　草莓灰霉病病叶

（2）药剂防治：同茄科蔬菜灰霉病防治方法。

2. 白粉病

（1）症状：白粉病是草莓重要病害之一，整个生长季节均可发生。主要为害叶、叶柄、花、花梗和果实，匍匐茎上很少发生。叶片染病，在叶两面产生白色粉状斑，随病害发展病斑上形成白色粉末状物，发生严重时多个病斑连接成片导致叶片卷曲坏死。花蕾、花染病，花瓣呈粉红色，花蕾不能开放。果实染病，幼果不能正常膨大，干枯，若后期受害，果面覆有一层白粉，随着病情加重，果实失去光泽并硬化，着色变差。

草莓白粉病病果

草莓白粉病病花

草莓白粉病病叶

硫黄熏蒸器防治草莓白粉病

（2）生物防治：可采用硫黄熏蒸器防治草莓白粉病。

（3）药剂防治：同葫芦科蔬菜白粉病防治方法。

3. 根腐病

（1）症状：此病主要为害根部。从侧生根和新生根开始，初期出现浅红褐色的斑块，颜色逐渐变深呈暗褐色，随病害发展全部根系迅速坏死变褐，地上部叶片变黄或萎蔫，病株表现缺水状，最后全株枯死。

（2）生物防治：可在定植前进行土壤处理，可选用20%辣根素水乳剂每亩3～5升进行滴灌，覆地膜密闭2～3天，之后揭膜放风24小时以上即可定植；或者在草莓定植缓苗后用寡雄腐霉3 000倍液进行灌根处理。

草莓根腐病为害状

草莓根腐病健株（左）、病株（右）根

草莓根腐病田间为害状

4. 炭疽病

（1）症状：草莓炭疽病主要发生在育苗期（匍匐茎抽生期）和定植初期，结果期很少发生。其主要为害匍匐茎、叶柄、叶片、托叶、花瓣、花萼和果实。染病后的明显特征是草莓株叶受害可造成局部病斑和全株萎蔫枯死。匍匐茎、叶柄、叶片染病，初始产生直径3～7毫米的黑色纺锤形或椭圆形溃疡状病斑，稍凹陷；当匍匐茎和叶柄上的病斑扩展成为环形圈时，病斑以上部分萎蔫枯死，湿度高时病部可见肉红色黏质孢子堆。该病除引起局部病斑外，还易导致感病品种尤其是草莓秧苗成片萎蔫枯死；当母株叶基和短缩茎部位发病，初始1～2片展开叶失水下垂，傍晚或阴天恢复正常，随着病情加重，则全株枯死。虽然不出现心叶矮化和黄化症状，但若取枯死病株根冠部横切面观察，可见自外向内发生褐变，而维管束未变色。浆果受害，产生近圆形病斑，淡褐至暗褐色，软腐状并凹陷，后期也可长出肉红色黏质孢子堆。

（2）药剂防治：同葫芦科蔬菜炭疽病防治方法。

炭疽病为害草莓叶柄

5. 螨 类

（1）为害特点：以若虫和成虫在草莓叶的背面吸食汁液，使叶片局部形成灰白色小点，随后逐步扩展，形成斑驳状花纹，为害严重时，使叶片成锈色干枯，似火烧状，植株生长受抑制，造成严重减产。二斑叶螨和朱砂叶螨以雌成虫在土中越冬，翌年春季产卵，孵化后开始活动为害，气温达10℃以上时开始大量繁殖，高温干燥，易大发生。温度达30℃以上和相对湿度超过70%时，不利其繁殖，暴雨对其有抑制作用。叶螨成虫无翅膀，靠调运种苗、农具及农事操作等途径传播扩散。一般冬季零星轻发生，开春后气温升高，发生普遍，为害严重。

（2）形态特征：为害草莓的螨类有多种，其中以二斑叶螨和朱砂叶螨为害严重。二斑叶螨成螨污白色，体背两侧各有一个明显的深褐色斑，幼螨和若螨也为污白色，越冬型成螨体色变为浅橘黄色。朱砂叶螨成螨为深红色或锈红色，体背两侧也各有一个黑斑。

螨类结网为害

螨类田间为害状

（3）生物防治：利用捕食螨巴氏钝绥螨或者智利小植绥螨防治草莓红蜘蛛，在害螨发生初期释放；可选用植物源农药0.5%藜芦碱可溶性液剂在初期稀释600～700倍喷雾，盛发期稀释500～600倍喷雾防治；0.3%苦参碱水剂轻发期稀释1 000倍喷雾，高发期稀释800倍喷雾防治。

（4）药剂防治：同豆科蔬菜螨类防治方法。

6. 蚜 虫

（1）为害特点：在保护地栽培中，蚜虫以成虫在草莓植株的茎和老叶下越冬，条件适宜可全年为害，其中以初夏和初秋为害最严重。在露地栽培条件下，蚜虫以卵在多种植物上越冬，翌年4—5月当草莓抽蕾开花期多在幼叶、花、心叶和叶背活动吸取汁液，受害后的叶片卷缩、扭曲变形，使草莓生长受到抑制。更严重的是蚜虫还可传播病毒病。

蚜虫为害叶柄 蚜虫为害花萼

（2）形态特征：蚜虫俗称腻虫。为害草莓的蚜虫有多种，其中主要是棉蚜和桃蚜。①棉蚜分无翅胎生和有翅胎生。无翅胎生雌蚜体长1.5～1.9毫米，夏季多为黄绿色，春季为深绿色、棕色或黑色，腹管短，圆筒形，基部较宽。有翅胎生雌蚜体长1.2～1.9毫米，黄色、浅绿色或深绿色，腹管黑色，圆筒形，基部也较宽。②桃蚜。无翅胎生雌蚜，体长1.4～2.0毫米，头胸部黑色，腹部细长，为绿色或黄绿色、红褐色。有翅胎生雌蚜，体长1.6～2.1毫米，头胸部黑色，翅脉淡黄色，腹部颜色随寄主而变，有绿色、黄绿色和赤褐色等。

（3）药剂防治：同葫芦科蔬菜蚜虫防治方法，在防控过程中，注意保护蜜蜂。

7. 蜗　牛

（1）为害特点：用齿舌舔食嫩叶、嫩茎及草莓果实。

（2）形态特征：成虫体形与颜色多变，扁球形，壳高12毫米，宽16毫米，具5～6个螺层，顶部螺层增长稍慢，略膨胀，螺旋部低矮，体部螺层生长迅速，膨大快。贝壳壳质厚而坚实，壳顶较钝，缝合线深，壳面红褐色至黄褐色，具细致而稠密生长线。体螺层周缘及缝合线处常具暗褐色带1条，但有些个别见不到。壳口马蹄状，

蜗牛为害草莓状

口缘锋利、轴缘向外倾遮住部分脐孔。脐孔小且深，洞穴状。卵圆球状，直径约2毫米，初乳白后变浅黄色，近孵化时呈土黄色，具光泽。

（3）药剂防治：可选用6%四聚乙醛颗粒剂30～50克/亩撒施。

十、食用菌病虫害

1. 细菌性褐斑病

（1）症状：病菌多从结水的部位开始侵染，在菌盖表面形成浅褐色病斑，以后颜色加深，呈暗褐色至深锈褐色，中央凹陷。随病害发展，病斑相互汇合形成褐色坏死斑块。空气干燥，病斑干枯开裂，形成不对称菌盖。菌柄染病，形成纵向病斑，菌褶通常很少发病。

（2）药剂防治：可在病区喷洒漂白粉500～600倍液、链霉素5 000～8 000倍液、47%春雷霉素·王铜6 000～8 000倍液进行防控。

2. 褐腐病

（1）症状：只侵染子实体，患处褐色，以后溃烂，并渗出暗褐色液滴，

有腐败臭味。

（2）药剂防治：可在清除病菇后对菇床用2%福尔马林、1%漂白粉、70%甲基硫菌灵进行消毒处理。

3. 蚊 类

（1）为害特点：幼虫咬食蘑菇的菌丝体和子实体，成虫传播杂菌，不直接为害子实体。

（2）形态特征：种类多如缨蚊、眼蕈蚊、小菌蚊等。幼虫白色似蛆，成虫似蚊，飞行力强。

菇蚊成虫

（3）生物防治：可使用高效信息素诱虫板监测和防治蚊蝇类发生，监测每亩悬挂 3～5 片，防治每亩 20～30 片；使用蚊蝇诱液，配套果蝇诱捕器，悬挂在菇棚内支架上中部，监测用 1 套，防治每亩用 3～5 套，及时更换诱液。

（4）药剂防治：可用 0.9% 阿维菌素乳油 1 500～2 000 倍液喷雾、5% 氟虫脲乳油 1 000～2 000 倍液、3% 啶虫脒乳油 1 000～2 000 倍液喷雾。

诱虫板　　　　　　　　　　　果蝇诱捕器

4. 扁足蝇

（1）为害特点：幼虫在出菇前取食蘑菇菌丝体，影响发菌。出菇后钻蛀菇柄和菌盖，形成许多孔穴，终致菌体腐烂或萎蔫死亡。

（2）形态特征：成虫体小型，黑色或灰色，具黑斑，头大。复眼发达，常分上下两半不同颜色。触角 3 节，触角芒很长，胸和腹部只有短毛无刚毛。足胫节无端距。幼虫短粗，扁平。体多刺状突起，排列在体周围，头和前胸多弯向腹面。

（3）药剂防治：同蚊类防治方法。

5.螨　类

（1）为害特点：直接咬食菌丝，把菌丝咬断，引致菌丝萎缩不长。也能咬食小菇蕾及成熟子实体。严重时培养料内的菌丝全被食光，造成严重损失，甚至绝产。

（2）药剂防治：同蚊类防治方法。

十一、桃树病虫害

1.桃炭疽病

（1）症状：主要为害果实和枝梢，也能为害叶部。被害果实，果面初呈水渍状绿褐病斑，后变暗褐色，渐干缩。枝梢受害，初呈水渍状褐色病斑，后变褐色，为长椭圆形，边缘稍带红色，稍凹陷，表面着生粉红色小粒点。

桃炭疽病为害叶片　　　　　　　桃炭疽病为害果实

（2）防治方法：清洁田园，清除僵果，减少病原，注意桃园排水；早春萌芽前喷 5 波美度石硫合剂，落花后每隔 10 天喷一次保护性杀菌剂（如 80% 代森锰锌可湿性粉剂、75% 百菌清可湿性粉剂等），共喷 3～4 次，防治效果良好。

2. 桃干腐病

（1）症状：主要为害树干，也可侵染果实。病菌侵入桃树当年新梢，出现以皮孔为中心的瘤状突起病斑，直径 1～4 毫米，当年不流胶，次年 5 月逐渐形成，变成茶褐色硬块。病部凹陷成圆形或不规则形斑块，病部渗出褐色胶液，引起干溃甚至枯死；桃果褐腐，潮湿时流出白色块状物。

桃干腐病

（2）农业防治：增施农家肥等有机肥料，科学使用氮、磷、钾肥；合理疏花、疏果，促使树势强壮，提高抗病能力；冬前及时将树干涂白，防止发生冻害；及时防治蛀干害虫，减少枝干受伤；冬季做好清园工作，清除病、死枝干，减少园内病原菌越冬场所。

（3）化学防治：发芽前全园喷施 1 次 2～3 波美度石硫合剂，清除前期病害，落花 5～7 天后，喷施 2～3 次杀菌剂，如 50% 多菌灵可湿性粉剂 800～1 000 倍液，75% 百菌清可湿性粉剂 600～800 倍液。

3. 细菌性根癌病

（1）症状：此类病主要发生在根颈及支、侧根上，有时枝条上也会发生。病体为癌瘤状，一般为球形或扁球形。细菌在瘤皮层组织内越冬，在土壤中可存活一年以上。

细菌性根癌病

（2）防治方法：不用老桃园、老苗圃及有根瘤发生的土地育苗；加强检验检疫，销毁病苗；苗木消毒，用 K84 浸根 5 分钟；加强地下害虫防治，减少根部伤口。

4. 细菌性穿孔病

（1）症状：主要发生在叶片上，也可能为害新梢和果实。发病初期叶片呈半透明水渍状小斑点，扩大后为圆形或不整圆形，直径为 1 ～ 5 毫米的褐色或紫褐色病斑，边缘有黄绿色晕环，病斑逐渐干枯，周围形成裂缝，脱落后形成穿孔。

（2）防治方法：冬季剪出病枝集中烧毁，消灭越冬菌源。萌芽前喷 5 波美度的石硫合剂，5—6 月，喷 500 倍代森锌液 1 ～ 2 次，发病初期用 72% 农用链霉素 3 000 倍液喷施。

细菌性穿孔病为害叶片　　　　细菌性穿孔病为害果实

5. 流胶病

（1）症状：干、枝上均可发生。多年生枝干上染病后 1 ～ 2 厘米的水泡状隆起，一年生新梢常以皮孔为中心，呈突起状。染病部位渗出透明柔软的胶液，与空气接触后变成褐色的胶块，导致枝干溃疡，树体衰弱，严重时枝干枯死；病原菌侵染造成流胶外，虫害入口也容易导致流胶，如椿象、象甲等；其他如机械损伤、冻害、日烧等，也会导致流胶。

桃树流胶病

（2）防治方法：春季发芽前用 5 波美度石硫合剂涂抹病干枝，在病高发季喷布抗菌类药物，防治蛀枝干害虫减少伤口；冬季用石灰乳对主干进行涂白保护。

6. 蚜 虫

（1）为害特征：主要有桃蚜、桃粉蚜、桃瘤蚜 3 种。桃蚜与桃粉蚜以成虫与若虫群集在叶背吸食汁液，也有群集于新梢先端为害；粉蚜为害时叶背满布白粉能诱发霉病。桃蚜为害的嫩叶皱缩扭曲，为害树当年枝梢生长和果实发育均受影响；为害严重时，影响次年开花结果。桃瘤蚜对嫩叶、老叶均可为害，受害叶的叶缘向背面纵卷，卷曲处组织增厚，凹凸不平，初为淡绿色，渐变紫红色，严重时全叶卷曲。

桃蚜虫

（2）物理防治：清园除尽杂草及剪下枝条；消灭越冬虫、卵；使用高效信息素诱虫板监测和防治蚜虫发生。监测每亩悬挂 3 ～ 5 片，防治每亩 20 ～ 30 片。

（3）生物防治：利用天敌瓢虫防治蚜虫；可选用植物源农药 0.5% 藜芦碱可溶性液剂在初期稀释 600 ～ 700 倍喷雾，盛发期稀释 500 ～ 600 倍喷雾防治；0.3% 苦参碱水剂轻发期稀释 1 000 倍喷雾，高发期稀释 800 倍喷雾防治。

（4）化学防治：展叶前后用吡虫啉、菊酯类农药防治，22% 噻虫·高氯氟微囊悬浮剂、50% 吡蚜酮可湿性粉剂等有较好的防治效果，喷药次数根据虫情而定，喷药及时细致，1 ～ 2 次即可控制。

应用黄色诱虫板防治蚜虫

7. 红蜘蛛

（1）为害特征：为害桃的多数为山楂红蜘蛛，体型为椭圆形，背部隆起，越冬雌虫鲜红色，有光泽，夏季雌虫深红色，背面两侧有黑色斑纹。山楂红蜘蛛个体极小，肉眼不易发现，防治不及时导致叶片脱落，果实品质降低，甚至落果。叶螨常聚于叶背面拉丝结网，于网下用口器刺入叶肉组织内吸汁为害，叶正面呈现块状失绿斑点，叶背呈褐色，容易脱落。麦收前后是防治红蜘蛛的最佳时期。

红蜘蛛

（2）农业防治：秋季越冬前清洁果园，将枯枝落叶及杂草集中烧毁，减少山楂红蜘蛛的越冬技术。春季越冬雌成虫出蛰前刮树皮，喷施石硫合剂，消灭越冬虫群。

（3）物理防治：可使用粘虫胶或者粘虫胶带防止其上下树，减少螨类为害。

应用粘虫胶　　　　　　　　　粘虫胶带使用效果

（4）生物防治：利用捕食螨防治害螨；可选用植物源农药 0.5% 藜芦碱可溶性液剂在初期稀释 600 ～ 700 倍喷雾，盛发期稀释 500 ～ 600 倍喷雾防治；0.3% 苦参碱水剂轻发期稀释 1 000 倍喷雾，高发期稀释 800 倍喷雾防治。

（5）化学防治：喷施阿维菌素、苦参碱、哒螨灵等杀虫剂。冬季修剪后和春季萌动前使用 30% 石硫·矿物油微乳剂喷雾防治。

8. 梨小食心虫

（1）为害特征：主要为害桃树新梢和果实。对桃树新梢为害时，从新梢未木质化的顶部蛀入，向下部蛀食，枝梢外部由胶汁及粪排除，嫩梢顶部枯萎下垂，当蛀到新梢木质化部分时，即从梢中爬出，转移至另一嫩梢为害，严重时造成大量新梢折心，萌生二次枝。此类虫在华北每年发生 3 ～ 4 次，以老熟幼虫在树皮缝隙内结茧越冬。

（2）农业防治：消灭越冬幼虫。早春发芽前，进行刮树皮，集中烧毁；4—6 月集中剪除被害虫梢；8 月前后摘除被害果实，集中清理。

（3）生物防治：利用迷向技术。成虫扬飞前悬挂梨小食心虫迷向散发器于果树中上部，每棵树之间交叉悬挂。一年悬挂两次，每次每亩用量 60 ～ 80 根，在坡度较高和主风方向边缘处加倍悬挂。同时每公顷悬挂 1 套梨小食心虫性信息素诱芯，配套三角型诱捕器监测和诱捕雄成虫。

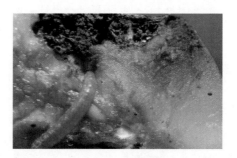

梨小食心虫

桃园应用迷向技术防治梨小食心虫　　桃园梨小食心虫诱捕器诱捕效果

（4）化学防治：关键时期喷施 2.5% 高效氯氟氰菊酯或 30% 阿维·灭幼

脉，花前、花后、蛀果前、各代成虫高峰期过后，未蛀入之前喷药效果最佳。

9. 桃小食心虫

（1）为害特征：此虫生长习性一年一代，以老熟幼虫在果园越冬，次年6月中旬咬破茧壳陆续出土，出土后在地面爬行，需找树干和杂草做夏茧并化蛹。越冬成虫羽化，产卵于果实绒毛较多的萼洼处。初孵幼虫在果实上爬行数十分钟到数小时之久，选择适当部位，咬破果皮，蛀入果实之中，破坏果实。

（2）农业防治：减少越冬虫源基数，在幼虫出土或脱果前，清除树盘杂草及其他覆盖物。

（3）生物防治：①在越代成虫发生盛期，释放桃小寄生蜂。②在幼虫初卵期，喷施细菌性农药（BT乳剂）；也可在越冬代成虫发生期使用桃小性诱剂进行诱杀。③性诱捕技术：成虫扬飞前悬挂桃小食心虫性信息素诱芯，配套小船诱捕器进行监测，悬挂高度为树干中下部阴面通风处。若诱捕到害虫，增加诱捕器数量进行防治，监测每公顷用1套，防治每亩用3～5套，1个月左右更换一次诱芯。

（4）化学防治：用15%毒死蜱颗粒剂2千克或50%辛硫磷乳油500克与细土15～25千克充分混合撒在树干下面；喷施48%毒死蜱乳油1 000～1 500倍液，对卵和初孵幼虫有强烈的触杀作用；也可喷施2.5%高效氯氟氰菊酯乳油2 000～3 000倍液，或2.5%溴氰菊酯乳油2 000～3 000倍液。1星期后再喷一次，效果良好。

桃小食心虫　　　　　　　　　　桃小食心虫诱捕器诱捕效果

10. 桃潜叶蛾

（1）为害特征：幼虫潜入叶肉为害，叶肉被食成隧道，叶表皮不破裂，形成白色弯曲的食痕；为害严重时，叶片枯黄，造成早起落叶。4月下旬羽化，展叶前后产卵于叶背面，孵化后即潜入叶肉为害，9月开始化蛹越冬。

（2）农业防治：冬季结合清园，扫除落叶并烧毁。

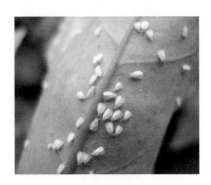

桃潜叶蛾

（3）化学防治：成虫发生时喷药，常用 2.5% 高效氯氟氰菊酯乳油 3 000 倍液或 1.8% 阿维菌素乳油 2 000 倍液。

11. 桑白介壳虫

（1）为害特征：雌虫和若虫群集固着在 2 年生以上的枝条上，2～3 年生枝条上数量最多，吸食枝上养分，严重时整个枝条被成虫覆盖，甚至重叠成层。此虫北方发生 2 代，以受精的雌虫在枝干上越冬。

（2）农业防治：个别枝条发现初期，立即剪去枝条烧毁，或者用 10% 的碱水刷为害枝干。

（3）生物防治：利用红点唇瓢虫、日本方头甲、寄生蜂等天敌进行生物防治。

（4）化学防治：在虫孵化期、爬行期扩散阶段喷药防治，可喷 4 500 倍 22% 氟啶虫胺腈悬浮剂，也可喷 4 000 倍 22.4% 螺虫乙酯悬浮剂等新型农药。

桑白介壳虫

桃树主要病虫害防治历

物候期	时间	防治对象	防治方法	备注
休眠期	11月至翌年3月初	越冬虫卵、越冬病菌	清除枯枝落叶、病果病枝和刮除流胶瘤集中烧毁，发芽前喷波美5度石硫合剂	
萌芽期	3月中下旬	枝干病害、介壳虫、螨类	45%代森铵300倍液	树干缠粘虫胶防在壤越冬害虫
花期	4月	介壳虫、蚜虫、流胶病、缩叶病	22.4%螺虫乙酯4000倍液+50%多菌灵600倍液+1%硫酸铜溶液+含芸苔素内酯调节剂	施药时可加硼肥喷施
幼果期	5月上中旬	细菌性穿孔病、卷叶病、缩叶病、红蜘蛛、蚜虫	10%苯醚甲环唑3000倍液+72%农用链霉素3000倍液+1.8%阿维菌素2000倍液	可挂黄板防治蚜虫；防治红蜘蛛可用捕食螨，用时慎用杀虫杀螨剂
	5月下旬	卷叶蛾、潜叶蛾、蚜虫、红蜘蛛、褐斑病	2.2%甲氨基阿维菌素苯甲酸盐2000倍液+25%灭幼脲1500倍液+80%代森锰锌800倍液	
果实发育早熟采收期	6月上旬	蛾类、叶螨、椿象、褐腐病、细菌性穿孔病	2.5%高效氯氟氰菊酯2000倍液+10%吡虫啉1500倍液+72%农用链霉素3000倍液	注意农药安全间隔期，一般在采收前15~20天不喷施农药
	6月中下旬	蚜虫、介壳虫、桃蛀螟、细菌性穿孔病	22%氟啶虫胺腈4500倍液+5%杀铃脲5000倍液+50%多菌灵600倍液	
成熟期	7月至8月	桃蛀螟、梨小食心虫、介壳虫、褐斑病、褐腐病	25%灭幼脲1500倍液+4.5%高效氯氰菊酯1500倍液+10%苯醚甲环唑1500倍液	
养树势	9月	梨小食心虫、褐腐病、红点病	2.5%高效氯氟氰菊酯2000倍液+80%代森锰锌800倍液	加提高抗性的调节剂更有益
落叶期	10月	放越冬病虫	破坏越冬病虫害的越冬环境	

十二、樱桃病虫害

1. 病毒病

（1）症状：由病毒引起的病害。发病植物表现为坐果少、果实小、叶片出现斑驳、失绿、卷叶、扭曲、破碎、坏死、穿孔、树势衰退、骨干枝甚至整株死亡等。主要通过砧木嫁接、蚜虫及修剪、苗木引进等途径传播。

樱桃病毒病

（2）防治方法：①隔离病原与中间寄主，一旦发现，及时铲除。②防治和控制传播媒介。嫁接繁殖过程中尽量避免带病毒的砧木和接穗嫁接繁殖苗木；种子繁殖不采用带病毒树体的种子进行繁殖。③培养无病毒苗木。通过组织培养技术培养脱毒苗。最佳防治时期：萌芽期、谢花 2/3 后及摘果后 3 个时期。

2. 流胶病

（1）症状：此类病害在各类树体上具有发生，幼树及健壮的树发病较轻，老树及残、弱树发病较重。在树皮、皮孔、裂缝、芽体基部流出无色半透明稀薄的胶质物，干后变黄褐色，质地变硬，结晶状。染病后树势衰弱，抗旱、抗寒性减弱。

樱桃流胶病

（2）防治方法：①加强栽培管理，改良土壤，合理修剪，雨季及时排水，避免机械性损伤等；②冬季用生石灰混合液，200 倍 50% 多菌灵，300 倍 70% 甲基托布津或 5 波美度石硫合剂；③生长季节，刮治发病部位，用 100 倍 50% 多菌灵加维生素 B6 涂抹病斑，后塑料薄膜包扎密封。

3. 根瘤病

（1）症状：此类病害是细菌性病害，主要发生在根颈部，主根、侧根也有发生，瘤形状不定，多为球形。主要以地下害虫和线虫传播，伤口侵入，苗木带菌可远距离传播。

（2）防治方法：①严格检疫和苗木消毒。严格控制苗木远距离传播，消毒带病的苗木和接穗，用1%的硫酸铜溶液浸泡5分钟，或用2%的石灰液浸泡1～2分钟，后再定植。②加强果园管理。增施有机肥，提高土壤酸度，改善土壤结构；及时排除雨水，降低土壤湿度；加强肥水管理，提高苗木抗病性。③刮除病瘤或清除病株。个别染病植株，用小刀将肿瘤彻底切除，至露出木质部；及时清除病毒植株，集中烧毁。

樱桃根瘤病

4. 穿孔病

（1）症状：穿孔病是为害叶片主要细菌性病害，也为害枝梢和果实。主要在落叶和枝梢上越冬，春季抽梢展叶时细菌溢出，通过雨水传播，雨季为发病盛期。

（2）防治方法：①冬季修剪，清除枯枝落叶，减少菌源；及时排水；增施有机肥，提高抗病能力。②发芽前喷施 4～5 波美度石硫合剂；对细菌性穿孔病，可在 5—6 月份喷 60% 代森锰锌 500 倍液；对真菌性霉斑穿孔病，可用 70% 甲托可湿性粉剂 1 000 倍液，或 50% 多菌灵可湿性粉剂 800 倍液。发病时要以防为主，可在展叶后喷 1～2 次 70% 代森锰锌 600 倍液或 75% 百菌清 500～800 倍液。

穿孔病

5. 干腐病

（1）症状：多发生在主干、主枝上，发病初期病斑暗褐色，不规则形，病皮坚硬，后病部干缩凹陷，周缘开裂，表面生小黑点，可烂到木质部，枝干干缩枯死。

（2）防治方法：加强管理，多施有机肥料，增强树势，涂药保护伤口，防治冻害。5 月喷 1∶2∶240 倍波尔多液 2 次进行树体保护；及时检查并刮治病斑，后使用 30% 甲基硫菌灵糊剂 20～30 倍液涂药保护。

樱桃干腐病

6. 红颈天牛

（1）为害特点：此类虫害以幼虫蛀食皮层和木质相连部分皮层的木质，造成树体中空，输导组织被破坏，吸食部位也有流胶现象。

（2）防治方法：成虫大量出现时，中午活跃时人工捕杀；利用天敌昆虫，在 4—5 月份释放管氏肿腿蜂进行生物防治；成虫发生期间，按照生石灰∶硫黄粉∶水 =10∶1∶40

樱桃红颈天牛

配制成混合液涂干。

7. 桑白蚧

（1）为害特点：此类虫害以雌成虫和若虫群集固着在枝干上吸食养分，严重时灰白色的蚧壳密集重叠，形成枝条表面凹凸不平，树势衰弱，枯枝增多，甚至全株死亡。

（2）生物防治：利用寄生蜂、瓢虫等进行天敌防治。

（3）化学防治：早春喷施 5% 矿物油；在虫孵化期、爬行期扩散阶段喷药防治，可喷 4 000 倍 22.4% 螺虫乙酯悬浮剂，也可喷 4 500 倍 22% 氟啶虫胺腈悬浮剂等新型农药。

樱桃桑白蚧

8. 金龟子类

（1）为害特点：其中东方金龟子以成虫啃食樱桃的芽、幼叶、花蕾、花和嫩枝。苹毛丽金龟子幼虫啃食树体幼根，成虫在花蕾至盛花期为害最严重，约 1 周。

（2）农业防治：成虫在大量发生时期，利用其假死性人工震动树枝、枝干，落到地上的成虫集中收集，人工捕杀。

（3）物理防治：利用趋光性使用黑光灯诱杀成虫。

樱桃金龟子

（4）化学防治：地面撒施辛硫磷颗粒剂或者树冠下喷施 50% 辛硫磷乳油；喷洒 20% 甲氰菊酯乳油 1 000 ～ 1 500 倍液，2.5% 溴氰菊酯乳油 2 000 ～ 3 000 倍液。

9. 红蜘蛛

（1）为害特点：主要为害植物的叶、茎、花等，刺吸植物的茎叶，使受害部位水分减少，表现为失绿变白，叶表面呈现密集苍白的小斑点，卷曲发黄。为害严重时植株发生黄叶、焦叶、卷叶、落叶和死亡等现象。红蜘蛛还是病毒病的传播介体。

樱桃红蜘蛛

（2）物理防治：诱捕器诱捕。诱芯可用糖醋液替代，配制比例为糖：醋：水：酒 =1：2：10：0.5。配制方法为先把糖和水放于锅中煮沸，然后加入醋闭火放凉后加入白酒半斤（1 斤 =500 克），根据园区情况，可加入杀虫剂（敌百虫等）搅匀即成，可放入少量洗衣粉，增加黏性；若有营养液，可适量加入营养液增加诱虫效果。

（3）化学防治：用 1.8% 阿维菌素乳油 2 000 倍液，或 15% 哒螨灵 1 500 倍液喷施。注意农药的安全间隔期（最后一次用药到收获时相隔的天数），采收后及时喷施一次杀虫剂，减少来年虫口基数。

10. 斑点落叶病

（1）为害特点：主要发生在春梢及秋梢抽生期，发病时叶片很少红色或者褐斑，几天便扩大传播，防治不力导致叶片发黄脱落。

斑点落叶病

（2）防治方法：开春使用石硫合剂全园喷施；可选用生物农药防治，用有效成分含量 1×10^6 个孢子 / 克寡雄腐霉可湿性粉剂于发病初期开始施药防治。

樱桃树主要病虫害防治历

物候期	时　间	防治对象	防治方法	备　注
休眠期	12 月至翌年 2 月	越冬病菌和越冬虫卵	剪除病枝、刮除流胶疤用 45% 代森铵涂抹处理，残枝落叶、流胶疤等集中烧毁或深埋	
萌芽期	3 月	介壳虫、红蜘蛛、干腐病、细菌性穿孔病、褐腐病、	萌芽前用 45% 石硫合剂晶体 100 倍液喷施	石硫合剂单独使用
花期、幼果期	4 月上中旬	介壳虫、叶螨	1.8% 阿维菌素 3 000 倍液或 15% 哒螨灵 1 500 倍液 +22.4% 螺虫乙酯 4 000 倍液或 22% 氟啶虫胺腈 4 500 倍液喷施	施药时可加氨基酸叶肥，可在施药后使用微量元素防虫胶
果实膨大期	4 月下旬至 5 月中旬	黑斑病、疮痂病、卷叶虫、食心虫	80% 代森锰锌 800 倍液 +2.5% 高效氯氟氰菊酯 2 000 倍液喷施	
果实成熟期	5 月下旬至 6 月上中旬	介壳虫、红蜘蛛、细菌性穿孔病、叶斑病、褐斑病	22% 氟啶虫胺腈 4 500 倍液 +70% 甲基托布津 1 000 倍液 + 农用链霉素喷施	采收前 15 天停止施药
芽分化期	6 月下旬	卷叶蛾、叶部病害预防	75% 的百菌清 600 倍液或用波尔多液喷施，施药后 7 天用 25% 灭幼脲 1 500 倍液喷施	
新梢生长期	7 月至 8 月	螨类、卷叶蛾、斑点落叶	① 1.8% 阿维菌素 2 000 ～ 3 000 倍液 +2.2% 甲氨基阿维菌素苯甲酸盐 2 000 ～ 3 000 倍液 +70% 甲基硫菌灵 1 000 倍液喷施；②喷施波尔多液预防病	新枝旺长施药时加促控剂，波尔多液单施
新梢缓长期	9 月至 10 月	促树势	喷施赤·乙·芸苔素提高抗性	
落叶期	11 月	越冬害虫、越冬病菌	①剪除病枝，刮除老翘皮、流胶疤，用 45% 代森铵 100 倍液涂抹；②树干涂白，涂白剂配方为水：生石灰：食用盐：石硫合剂：动物油 =20：6：1.5：1：0.6	病枝、病果、枯叶、刮除物一定集中烧

十三、梨树病虫害

1. 梨黑星病

（1）症状：属于真菌性病害，为害梨树的所有绿色组织，包括芽鳞、花序、叶片、果实、果柄、新梢等。受害处先出现黄色斑，逐渐扩大后在病斑叶背面生出黑色霉层。其中东方梨最易感病，日本梨次之，西洋梨较抗病。

（2）农业防治：冬季、春季清园；病芽梢初现期，及时剪除病芽梢。

（3）化学防治：发芽前喷 50% 代森胺杀死菌源；生长季喷 40% 氟硅唑乳液，10% 苯醚甲环唑水分散粒剂等。

梨黑星病

2. 梨轮纹病

（1）症状：属于真菌性病害，主要为害枝干及果实，叶片很少受害。枝干上发病多以皮孔为中心，产生褐色病斑，略突起。次年病瘤上产生黑色小突起，病果很快腐烂，但仍保持果形不变，失水干缩后变成僵果。其中白梨较为抗病，西洋梨抗病能力较差。

（2）化学防治：刮病皮清除菌源，而后涂抹腐殖酸铜，或12%的843康复剂5～10倍液等；喷药保护果实，5—8月喷施50%多菌灵、40%氟硅唑等。

梨轮纹病

3.梨黑斑病

（1）症状：属于真菌性病害，为害沙梨系果实、叶片和新梢。叶片开始发病时为圆形，黑色斑点，后扩大为圆形或不规则形病斑，有时微现轮纹。潮湿时病斑遍生黑霉。果实受害初期产生黑色小斑点，后扩大成圆形或者椭圆形。病斑略凹陷，表面遍生黑霉。

梨黑斑病

（2）农业防治：秋季做好园区清理工作。

（3）化学防治：梨树发芽前喷施一次 5 波美度石硫合剂。生长季在花前、花后各喷一次杀菌剂，连续喷 3 ～ 5 次。选用 10% 多氧霉素可湿性粉剂、70% 代森锰锌或波尔多液。

4. 梨褐斑病

（1）症状：属于真菌性病害。该病仅发生在叶片上，发病初期叶面产生圆形小斑点，边缘清晰，后期斑点中都呈灰白色，病斑中部产生黑色小粒点状突起，造成大量落叶。

梨褐斑病

（2）农业防治：秋后入冬清理园区枯枝落叶、发病植株及枯枝落叶。

（3）化学防治：雨季到来前喷 70% 甲基硫菌灵可湿性粉剂，50% 多菌灵可湿性粉剂或波尔多液 1 ： 2 ： 200 倍液。

5. 梨锈病

（1）症状：属于真菌性病害。该病主要为害叶片、幼果和新梢。发病初期病斑为橙黄色圆形小点，逐渐扩大且叶正面病斑凹陷，后期病斑正面密生黑色颗粒状小点，后变成黑色。病斑背面隆起，其上生长出黄褐色毛管状物，成熟后释放出大量孢子。病菌在组织中越冬。

（2）农业防治：清除病菌寄主树体。

（3）化学防治：早春全园喷施石硫合剂和波尔多液；发病严重的地区，花前或者花后喷施 25% 三唑酮可湿性粉剂或 10% 苯醚甲环唑水分散粒剂等。

梨锈病为害叶片　　　　　　　梨锈病为害幼果

6. 梨木虱

（1）为害特点：梨木虱的成虫、若虫均可为害，以若虫为害为主。若虫多在隐蔽处，并可分泌大量黏液，常使叶片粘在一起或粘在果实上，诱发煤污病。梨木虱以成虫在树皮裂缝、落叶、杂草过冬，早春梨树花开时出蛰为害。

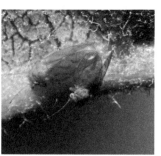

梨木虱为害状　　　　　　　　　梨木虱

（2）生物防治：保护和利用天敌进行生物防治，在天敌发生期间尽量避免使用广谱杀虫剂；可选用植物源农药 0.5% 藜芦碱可溶性液剂在初期稀释600 ～ 700 倍喷雾，盛发期稀释 500 ～ 600 倍喷雾防治；0.3% 苦参碱水剂在轻发期稀释 1 000 倍喷雾，高发期稀释 800 倍喷雾防治。

（3）化学防治：在越冬成虫出蛰盛期至产卵前喷施石硫合剂，或人工捕杀成虫等；在落花后第一代幼虫集中期，喷高效氯氰菊酯、阿维菌素等。

7. 梨小食心虫

（1）为害特点：梨小食心虫是梨树的主要害虫，蛀入梨果实心室内为害，幼虫在果实内蛀食多有虫粪自虫孔排出，常使周围腐烂变黑，逐渐扩大，俗称"黑心病"。苹果蛀孔周围不变黑；一代、二代幼虫为害，多从上部叶柄基部蛀入髓部，向下蛀入木质化处便转移，蛀孔流胶并有虫粪，被害嫩梢渐枯萎，俗称"折梢"。

（2）农业防治：建园时应避免梨桃混栽，减少梨小食心虫转移为害；结合清园时刮除树上粗枝翘皮，消灭越冬幼虫；用糖醋液和梨小食心虫性诱剂诱杀成虫。

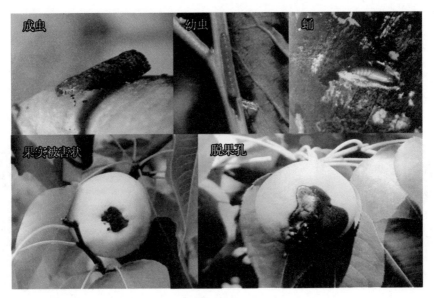

梨小食心虫

（3）生物防治：①利用迷向技术。成虫扬飞前悬挂梨小食心虫迷向散发器于果树中上部，每棵树之间交叉悬挂。一年悬挂两次，每次每亩用量60～80根，在坡度较高和主风方向边缘处加倍悬挂。同时每公顷悬挂1套梨小食心虫诱捕器监测和诱捕雄成虫。②赤眼蜂防治技术。以梨小食心虫诱芯为监测手段，在成虫发生高峰后1～2天，人工释放松毛赤眼蜂，每公顷150万头，每次30万头/公顷，分4～5次放完，可有效控制梨小食心虫为害。

（4）化学防治：在二代、三代成虫羽化盛期和产卵盛喷药防治，药剂为30%阿维·灭幼脲或菊酯类药物。

8. 梨黄粉蚜

（1）为害特点：此虫食性单一，目前所知只为害梨，尚无发现其他寄主植物。成虫和若虫群集在果实萼洼处为害繁殖，虫口密度大时，可布满整个果面。受害果萼洼处凹陷，逐渐变黑腐烂，后期形成龟裂的大黑疤，产生褐色晕圈，最后变成褐色斑，造成果实腐烂。

梨黄粉蚜

（2）农业防治：早春人工刮粗树皮及清除残附物，重视梨树修剪，增加通风透光。需转运的苗木，如发现此虫，可将苗木泡于水中24小时以上，再阳光暴晒，可杀死其上的虫和卵。

（3）化学防治：梨果被害时可喷施22%噻虫·高氯氟微囊悬浮剂3 000倍液25%，或吡蚜酮可湿性粉剂2 000倍液。套袋栽培使用防虫药袋，在套袋之前喷一次杀蚜剂。

9. 山楂叶螨

（1）为害特点：又名山楂红蜘蛛，在北方地区梨树栽植地方均有发生，吸食叶片及幼嫩芽的汁液。叶片严重受害后，先是出现很多失绿小斑点，随后扩大连成片，严重时全叶变为焦黄而脱落，严重抑制了果树生长，甚至造成二次开花，影响当年花芽的形成和次年的产量。

（2）农业防治：树木休眠期刮除老皮，重点是刮除主枝分杈以上老皮，主干可不刮皮以保护主干上越冬的天敌；山楂叶螨主要在树干基部土缝里越冬，可在树干基部培土拍实，防止越冬螨出蛰上树。

（3）化学防治：发芽前结合防治其他害虫可喷洒 3～5 波美度石硫合剂或柴油乳剂，特别是刮皮后施药效果更好；花前是进行药剂防治叶螨和多种害虫的最佳施药时期，在做好虫情测报的基础上，及时全面进行药剂防治，喷施杀螨剂，可控制在为害繁殖之前。

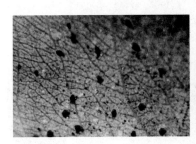

山楂叶螨

梨树主要病虫害防治历

物候期	时　间	防治对象	防治方法	备　注
休眠期	12月至翌年3月上旬	越冬虫卵、越冬菌类	结合修剪刮树皮并涂白，除治树皮缝越冬的叶螨、食心虫类等虫卵，除治病斑上越冬的菌类	刮除的树皮移除出园集中烧毁
萌芽期	3月中下旬	全面清园，降低越冬病虫基数	①45% 晶体石硫合剂 30～50 倍液芽前喷施；②喷施 40% 氟硅唑 8 000 倍液或 12.5% 腈菌唑 2 000 倍液 +1.8% 阿维菌素乳油 2 000～3 000 倍液	石硫合剂要单喷，并要和相邻喷药间隔 15 天
花期	4月	梨木虱、梨蚜、黑星病、黑斑病	①喷施 2.5% 高效氯氟氰菊酯 2 000 倍液 +1.8% 阿维菌素 2 000 倍液 +70% 甲基托布津 1 000 倍液；②用 22.4% 螺虫乙酯 4 000 倍液 +10% 吡虫啉 2 000～3 000 倍液防治梨木虱	月初可用防虫胶带缠树等绿控措施

（续表）

物候期	时 间	防治对象	防治方法	备 注
幼果期	5 月	梨蚜、康氏粉蚧、黄粉虫、黑点病	50% 多菌灵 600 倍液 +10% 吡虫啉 3 000 倍液 +4.5% 高效氯氰菊酯 1 500 倍液	有瓢虫（梨木虱、蚜虫天敌）谨慎用药
幼果期	6 月上旬	螨类、梨木虱、盲椿象、康氏粉蚧、黑斑病	1.8% 阿维菌素 2 000～3 000 倍液 +22% 氟啶虫胺腈 4 500 倍液 +80% 代森锰锌 800 倍液或 40% 氟硅唑 8 000 倍液	用捕食螨防螨类，要慎用杀虫杀螨剂
幼果期	6 月中下旬	康氏粉蚧、梨木虱、黄粉虫、黑点病	22.4% 螺虫乙酯 4 000 倍液 +80% 代森锰锌（大生）800 倍液	代森锰锌当月可使用 1 次
果实膨大期	7 月	红白蜘蛛、梨叶锈螨、轮纹病、黑斑病	22% 噻虫·高氯氟 3 000 倍液 +15% 哒螨灵 3 000 倍液 +70% 代森锰锌 600 倍液	用捕食螨防螨类，要慎用杀虫杀螨剂
果实膨大期	8 月	梨小食心虫、黑星病、轮纹病	①喷施 1 次波尔多液；② 2.5% 高效氯氟氰菊酯 2 000～3 000 倍液	两次使用要间隔 7 天以上
果实成熟期	9 月至 10 月	黑星病、轮纹病、食心虫	2.5% 高效氯氟氰菊酯 2 000 倍液 +70% 甲基硫菌灵 800 倍液	采收前 15 天停止施药
落叶期	11 月	越冬虫卵，越冬菌类	①刮除病灶用 45% 代森铵涂抹；②树干涂白，配方为水：生石灰：食盐：石硫合剂：动物油 =20：6：1.5：1：0.6	清园要彻底

十四、苹果树病虫害

1. 苹果腐烂病

（1）症状：主要为害树皮，造成树皮腐烂，主要发生于苹果树的主干、大枝、侧枝上，也发生在小枝条上。发病症状表现为溃疡型和枝枯型两种。溃疡型主要发生于主干、主枝和侧枝上以及剪锯处；发病初期，病部略显湿润、红褐色，以后病部逐渐扩大，组织质地变软，腐烂；春季发病时，病部呈红褐色，水渍状，稍隆起，有时流出红褐色汁液，最后病部失水下陷，颜色变深，表面出现黑色小颗粒。枯枝型主要发生在春季，在小枝上形成病斑，病斑不呈水渍状，有时候下陷，当病斑环绕枝条一周时，枝条枯死。

（2）农业防治：合理修剪，疏花疏果。采用科学的修剪技术，形成合理的株型，促进果树健壮生长；同时采取疏花疏果技术，避免大小年的形成，增强树体抗病能力；加强果树栽培管理，提高果树抗病力，这是预防腐烂病发生的根本措施。

苹果腐烂病病果　　　　　　　　苹果腐烂病树干症状

（3）化学防治：及时刮除病斑。在春季和秋季刮除病斑，并涂药杀菌，以防复发。常用药剂有 45% 代森铵水剂 100 倍涂抹；重病园在春季果树发芽前喷 45% 代森铵水剂 300 倍液，以消灭树体上的病菌。

2. 苹果轮纹病

（1）症状：此病害为害枝干，也为害果实；树干被害后，初期以皮孔为中心产生红褐色近圆形或不规则形病斑，严重时，多种病斑连在一起，树皮极为粗糙；病斑不仅发生在大枝上，2～3年生的小枝上也有发生。果实受害后，以皮孔为中心产生水渍状近圆形的褐色斑点，到果实采收前，病斑扩展很快，烂到果肉。病部呈黄褐色腐烂，经常流出茶褐色黏液，全果容易腐烂。

苹果轮纹病病果

（2）农业防治：加强栽培管理。轮纹病是一种弱寄生菌，并有潜伏侵染特性，在树势强壮的情况下，发病较轻；树势衰弱，发病则重。

（3）化学防治：在早春刮除树干上的病瘤，清楚越冬菌源。刮除后用50%多菌灵可湿性粉剂或腐霉利等直接涂在病瘤上；生长期喷药保护使用药剂种类、时期、次数，与果实套袋或不套袋有密切关系。①对不套袋的果实，苹果谢花后立即喷药，每隔15～20天喷药1次，连续喷5～8次。可选择下列药剂交替使用：石灰倍量式波尔多液200倍液、80%代森锰锌可湿性粉剂800倍液、40%多·锰锌可湿性粉剂600～800倍液、70%代森锰锌+50%多菌灵。②对套袋果实，防治果实轮纹病关键在于套袋之前用药。谢花后即喷80%代森锰锌等，套袋前果园应喷一遍甲基硫菌灵等杀菌剂，待药液干燥后即可套袋。

3. 斑点落叶病

（1）症状：主要为害叶片，造成早落，也为害新梢和果实，影响树势和产量。叶片染病初期出现褐色圆点，其后逐渐扩大为红褐色，边缘紫褐色，病部中央常具一深色小点或同心轮纹。果实染病，在幼果果面上产生黑色发亮的小斑点或锈斑。病部有时呈灰褐色疮痂状斑块，病健交界处有龟裂，病斑不剥离，仅限于病果表皮，但有时皮下浅层果肉可呈干腐状木栓化。

斑点落叶病病叶 斑点落叶病病果

（2）农业防治：严格检疫，尽量不从病区引进苗木、接穗；严格清理园区，秋冬认真扫除落叶，剪除病枝，集中烧埋。

（3）化学防治：发芽前喷40%福美砷可湿性粉剂100倍液，铲除病原；斑点落叶病在春梢期（4月下旬至5月下旬）和秋梢期（6月底至7月中下旬）发病重，重点保护早期叶片，立足于防，第一遍药应在5月中旬，7天后喷第二遍药，6月、7月、8月中旬再各喷一遍药，注意多药交替使用。效果较好的药剂有50%异菌脲可湿性粉剂或10%多氧霉素1 000 ～ 1 500倍液、70%代森锰锌可湿性粉剂500倍液。

4. 苹果锈病

（1）症状：叶片肥厚肿胀，背面有黄色毛状突起是其典型特征。锈病菌侵染7 ～ 10天后，叶片正面出现直径1 ～ 2毫米的褪绿斑，中央产生针尖大小的橘黄色小点，病斑发展迅速。

苹果锈病病叶 苹果锈病病果

（2）化学防治：锈病菌主要在柏树上越冬，条件允许条件下，建园时周围尽量不栽植柏树；开花后一段时间，应结合其他病虫害喷施一次保护性杀菌剂，常用药剂有代森锰锌、甲基硫菌灵等。

5. 苹果霉心病

（1）症状：病菌主要为害果实，症状主要有果实心霉变和果实腐烂两种类型。果实心霉变发病初期，在果实心室与萼筒相连的一端出现淡褐色、不连续的点状或条状小斑，逐渐扩展形成不规则黑色斑块，导致心室壁变色；有的病果在心室内出现白色、灰白色、黑色或粉红色霉状物，严重时种子腐烂。心室以外的果肉完好，果实仍可食用。果实腐烂是在果心部发生病变向周围的果肉扩展，引起腐烂，有时可达果皮以下。

苹果霉心病病果

（2）农业防治：加强栽培管理，随时摘除病果，搜集落果，秋季翻耕土壤，冬季剪去树上各种僵果、枯枝等，均有利于减少菌源。

（3）化学防治：喷施 50% 多菌灵可湿性粉剂 600 ～ 800 倍或 75% 百菌清可湿性粉剂 600 ～ 800 倍液，从开花时喷施，连续 2 ～ 3 次喷施，间隔期约10 天。

6. 苹果小卷叶蛾

（1）为害特点：主要为害叶片和果实，为害叶片时，幼虫将叶片卷起，在其中取食。为害果实时，幼虫大多在果、叶相贴处啃食果品。

（2）农业防治：早春刮除树干和剪锯口处的翘皮，消灭越冬幼虫。在苹果生长期间，可人工灭杀卷叶中的幼虫，减轻其为害。

苹果小卷叶蛾幼虫　　　　　　　　苹果小卷叶蛾成虫

（3）物理防治：果园内可设置糖醋液、杀虫灯，诱杀成虫。

（4）生物防治：①性诱捕技术。成虫扬飞前悬挂苹小卷叶蛾性信息素诱芯，配套三角型诱捕器进行监测，悬挂高度为树干中下部阴面通风处。若诱捕到害虫，增加诱捕器数量进行防治。监测每公顷用1套，防治每亩用3～5套。1个月左右更换一次诱芯。②利用松毛虫赤眼蜂进行防治。在越冬代成虫产卵盛期，用松毛虫赤眼蜂防治效果良好。

苹果园苹果小卷叶蛾诱捕器诱捕效果

（5）化学防治：越冬幼虫出蛰期和各代幼虫孵化期是树上喷药时期，药剂有2.5%溴氰菊酯乳油3 000倍液或2.2%甲氨基阿维菌素苯甲酸盐乳油2 000倍液。

7. 金纹细蛾

（1）为害特点：幼虫从叶背潜入叶内，取食叶肉，形成椭圆形虫斑。叶片正面虫斑稍隆起，出现白色斑点，后期虫斑干枯，有时脱落，形成穿孔。虫斑常发生在叶片边缘，严重时布满整个叶片，一片叶有数个虫斑则叶片扭曲。

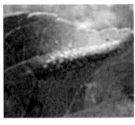

金纹细蛾幼虫叶背潜入状　　　叶面虫斑隆起状　　　金纹细蛾幼虫为害叶片

金纹细蛾成虫

（2）农业防治：晚秋及早春清除园内落叶，集中烧毁，消灭越冬蛹；由于其第一代成虫多集中产卵于树下萌蘖上，在第一代幼虫化蛹前，彻底剪除萌蘖并加以处理，可减少此虫上树为害。

苹果园金纹细蛾诱捕器诱捕效果

（3）生物防治：性诱捕技术：成虫扬飞前悬挂金纹细蛾性信息素诱芯，配套三角型诱捕器进行监测，悬挂高度为树干中下部阴面通风处。若诱捕到害虫，增加诱捕器数量进行防治，监测每公顷用 1 套，防治每亩用 3 ～ 5 套，1 个月左右更换一次诱芯。

（4）化学防治：重点防治时期在成虫第一代和第二代发生期，控制第二代和第三代幼虫为害。常用 25% 灭幼脲等。

8. 苹果红蜘蛛

（1）为害特点：主要为害叶片，叶片受害初期出现白色小斑点，后期叶片变白，为害处有少量蜘蛛网分布。

苹果红蜘蛛

（2）物理防治：可使用粘虫胶或者粘虫胶带防止其上下树，减少螨类为害。

（3）生物防治：利用捕食螨防治害螨；可选用植物源农药 0.5% 藜芦碱可溶性液剂在初期稀释 600 ～ 700 倍喷雾，盛发期稀释 500 ～ 600 倍喷雾防治；0.3% 苦参碱水剂轻发期稀释 1 000 倍喷雾，高发期稀释 800 倍喷雾防治。

（4）化学防治：早春苹果发芽前消灭越冬卵；生长期间要抓住越冬卵化期和第二代若螨期喷药防治。常用药剂有 20% 四螨嗪 2 000 倍液、20% 哒螨灵可湿性粉剂 3 000 倍液、10% 浏阳霉素 1 000 倍液等。

9. 桃小食心虫

为害特点与防治方法同桃树桃小食心虫。

10. 梨小食心虫

为害特点与防治方法同梨树梨小食心虫。

苹果树主要病虫害防治历

物候期	时　间	防治对象	防治方法	备　注
休眠期	12 月至翌年 3 月上旬	越冬虫卵、越冬菌类	结合修剪刮树皮并涂白，除治树皮缝越冬的叶螨、食心虫类等虫卵，除治病斑上越冬的菌类	刮除的树皮集中烧毁
萌芽期	3 月中下旬	全面清园，降低越冬病虫基数	① 45% 晶体石硫合剂 30 ～ 50 倍液芽前喷施；②腐烂病严重的果园用 45% 代森铵 300 倍液	石硫合剂要单喷，并要和相邻喷药间隔 15 天
花　期	4 月	介壳虫、蚜虫、螨类、卷叶蛾类、白粉病	①用 22% 氟啶虫胺腈 4 500 倍液 +1.8% 阿维菌素 +10% 苯醚甲环唑 1 500 倍液；②用 22.4% 螺虫乙酯 4 000 倍液 +10% 吡虫啉 2 000 ～ 3 000 倍液 +10% 苯醚甲环唑 1 500 倍液	月初可用防虫胶带缠树等绿控措施
幼果期	5 月上中旬	蚜虫、卷叶蛾类、轮纹病、斑点落叶病	2.2% 甲氨基阿维菌素苯甲酸盐 2 000 倍液 +5% 己唑醇 800 倍液或 70% 甲基托布津 800 倍液	用捕食螨防螨类，要慎用杀虫杀螨剂
	5 月下旬至 6 月上旬	螨类、蚜虫、卷叶蛾类	1.8% 阿维菌素 2 000 倍液 +2.5% 高效氯氟氰菊酯 2 000 倍液或 25% 灭幼脲 1 500 倍液	
	6 月中下旬	食心虫类、轮纹病、炭疽病、斑点落叶病	4.5% 高效氯氰菊酯 1 500 倍液 +80% 代森锰锌 800 倍液	
果实膨大期	7 月	螨类、卷叶蛾类	2.2% 甲氨基阿维菌素苯甲酸盐 2 000 倍液 +15% 哒螨灵 1 500 倍液	波尔多液使用要间隔 7 天以上
	8 月	螨类、炭疽病	①喷施 1 次波尔多液；② 1.8% 阿维菌素 2 000 倍液 +80% 炭疽福美 700 倍液	
果实成熟期	9 月至 10 月	炭疽病、黑星病、轮纹病	① 2.2% 甲氨基阿维菌素苯甲酸盐 2 000 倍液 +70% 甲基硫菌灵 800 倍液；② 80% 代森锰锌 800 倍液 +80% 炭疽福美 800 倍液	采收前 15 天停止施药
落叶期	11 月	越冬虫卵，越冬菌类	①刮除病灶用 45% 代森铵涂抹；②树干涂白，配方为水：生石灰：食盐：石硫合剂：动物油 =20：6：1.5：1：0.6	病灶刮至健康组织

十五、葡萄病虫害

1.葡萄霜霉病

（1）症状：葡萄霜霉病主要为害叶片，也能侵染新梢幼果等幼嫩组织。叶片被害，初生淡黄色水渍状边缘不清晰的小斑点，以后逐渐扩大为褐色不规则形或多角形病斑，数斑相连变成不规则形大斑。天气潮湿时，于病斑背面产生白色霜霉状物，即病菌的孢囊梗和孢子囊。发病严重时病叶早枯早落。

嫩梢受害，形成水渍状斑点，后变为褐色略凹陷的病斑，潮湿时病斑也产生白色霜霉。病重时新梢扭曲，生长停止，甚至枯死。卷须、穗轴、叶柄有时也能被害，其症状与嫩梢相似。

幼果被害，病部褪色，变硬下陷，上生白色霜霉，很易萎缩脱落。果粒半大时受害，病部褐色至暗色，软腐早落。果实着色后不再侵染。

葡萄霜霉病病叶　　　　　　　　葡萄霜霉病侵染幼果

（2）农业防治：加强果园管理，清除菌源，秋季彻底清扫果园，剪除病梢，收集病叶，集中深埋或烧毁；及时夏剪，引缚枝蔓，改善架面通风透光条件。注意除草、排水、降低地面湿度。适当增施磷钾肥，对酸性土壤施用石灰，提高植株抗病能力。

（3）物理防治：选用无滴消雾膜做设施的外覆盖材料，并在设施内全面积覆盖地膜，降低其空气湿度和防止雾气发生，抑制孢子囊的形成、萌发和游动孢子的萌发侵染；调节室内的温湿度，特别在葡萄坐果以后，室温白天应快速提温至30℃以上，并尽力维持在32～35℃，以高温低湿来抑制孢子囊的形成、萌发和孢子的萌发侵染。16时左右开启风口通风排湿，降低室内湿度，使夜温维持在10～15℃，空气湿度不高于85%，用较低的温湿度抑制孢子囊和孢子的萌发，控制病害发生；避雨栽培：在葡萄园内搭建避雨设施，可防止雨水的飘溅，从而有效切断葡萄霜霉病原菌的传播，对该病具有明显防效。

（4）生物防治：①预防：在病害常发期，使用生物碱·癸酰乙醛（霜贝尔）50毫升，对水15千克进行喷雾，7天一次。②发病中前期：使用生物碱·癸酰乙醛50毫升＋大蒜油15毫升，对水15千克全株喷雾，5天一次，连用2～3次。③发病中后期：使用生物碱·癸酰乙醛50毫升＋靓果安（农肥）50毫升＋大蒜油15毫升，对水7.5千克喷雾，3天一次，连用2～3次即可。

（5）化学防治：当发病比较普遍时，应用波尔多液、唑醚·代森联、代森锰锌、霜霉威、甲霜灵等杀菌剂连续使用2～4次。

2. 葡萄炭疽病

（1）症状：一般发生在着色或近成熟的果实上，有时也为害叶片、新梢、花序。幼果期间易在果实表面生出针头大小圆形、蝇粪状的黑色斑点，当果实成熟后，病果上显示浅褐色稍凹陷的病斑，便面逐渐长出轮纹状的小黑点，病斑常扩展到半个果实以上，病果软腐，易脱落。叶片、果梗和穗轴发病常产生圆形、凹陷的暗褐色病

葡萄炭疽病病果

斑，后期感病时果粒软腐脱落，或逐渐失水干缩成僵果，严重时使全穗果粒干枯或脱落。

（2）农业防治：秋季清扫落叶，剪除病枝、穗梗、僵果等并烧毁；加强栽培管理，及时摘心、绑蔓和中耕除草，为植株创造良好的通风透光条件，同时要注意合理排灌，降低果园湿度，减轻发病程度。

（3）化学防治：在此病出现关键时期，重点防治。在开花前后，对于该

病发生比较严重的地区或地块，喷洒石硫合剂，铲除冬季病原体，同时还要注意葡萄转色期间的防治；使用有效的保护性药物，如80%代森锰锌及内吸性杀菌剂如多菌灵、甲基硫菌灵等药物防治。

3. 葡萄白粉病

（1）症状：此病主要为害叶片、果实、藤蔓等，幼嫩组织易感染。叶片发病时易在表面形成白色粉质斑块，后病斑呈灰白色，严重时整个叶片布满白粉，病叶卷缩枯萎、脱落。果实发病时表面产生灰白色粉状霉，幼果不易增大，易掉落，果粒长大后感病，变硬，畸形，果面有网纹，多纵向开裂。

葡萄白粉病病叶　　　　　　　　　　葡萄白粉病病果

（2）农业防治：做好冬季修剪，清理果园；加强栽培管理，保持通风透光，防止生长过旺，过密；注意及时摘心绑蔓，剪除副梢及卷须，保持通风透光良好；雨季注意排水防涝，喷磷酸二氢钾等叶面肥和根施复合肥，增强树势，提高抗病力。

（3）化学防治：春季发芽前喷1次石硫合剂，发芽后喷50%甲基托布津可湿性粉剂500倍液或10%苯醚甲环唑水分散粒剂2 500倍液。

4. 葡萄黑痘病

（1）症状：此病主要侵染绿色果实、叶片、叶柄、新梢和果梗等幼嫩组织。幼果受侵染后，最初在果实表面发生近圆形褐色小斑，后成中央凹陷灰白色、边缘带深褐色，后期病斑硬化龟裂，病果不再膨大。叶柄、嫩梢受害，病斑呈暗褐色，圆形或者不规则凹陷，后期病斑中央稍淡，边缘深褐色，严重时病梢枯死，病叶逐渐干枯穿孔，幼叶皱缩畸形。

（2）农业防治：选择无病的苗木，或进行苗木消毒，选择抗病品种；生长季和休眠季及时清除病原、病叶、病果等；加强栽培管理，增加植株营养，注意排水，防止架面郁闭。

（3）化学防治：铜制剂（波尔多液）是防治黑痘病的特效药剂，同时喷施代森锰锌等保护性杀菌剂。内吸性药剂如多菌灵、甲基硫菌灵配合使用。

葡萄黑痘病病果

5. 葡萄灰霉病

（1）症状：主要为害花穗和果实。花序感病后，初呈淡褐色水浸状，后变暗褐色软腐。开花后，病菌常在枯萎的帽状体、雄蕊和发育不全的果粒等部位产生浓密的灰色霉层，稍微振动病菌孢子变呈现烟雾状。果实发病，病果初生凹陷小斑，后扩大蔓延至全果腐烂，先在果皮裂缝处产生灰色孢子堆，后蔓延到整个果面，使整个果穗产生绒毛状鼠灰色霉层。新梢、叶片感病后产生不规则褐色病斑，在叶片上有时带不规则轮纹，病部产生灰白色霉层。

葡萄灰霉病病果

（2）农业防治：细致修剪，剪净病枝蔓、病果穗及病卷须，彻底清除于室（棚）外烧毁或深埋，以清除病原；清扫落叶，并结合施肥，把落叶和表层土壤与肥料掺混深埋于施肥沟内。

（3）化学防治：发病初期喷1：0.5：200的波尔多液；开花前和套袋前喷药1～2次进行保护。其中，保护性药剂有波尔·锰锌、异菌脲等；内吸性杀菌剂有多菌灵、甲基硫菌灵等。

6. 葡萄锈病

（1）症状：葡萄锈病主要为害植株中下部叶片。病初叶面现零星单个小黄点，周围水浸状，后病叶背面形成橘黄色夏孢子堆，逐渐扩大，沿叶脉处较多。夏孢子堆成熟后破裂，散出大量橙黄色粉末状夏孢子，布满整个叶片，致叶片干枯或早落。秋末病斑变为多角形灰黑色斑点形成

葡萄锈病病叶

冬孢子堆，表皮一般不破裂。偶见叶柄、嫩梢或穗轴上出现夏孢子堆。

（2）农业防治：清洁葡萄园，加强越冬期防治。秋末冬初结合修剪，彻底清除病叶，集中烧毁；选择比较抗此类病的优质品种；加强葡萄园管理。每年入冬前施入有机肥，保持植株长势，增强抵抗力，山地果园保证灌溉，防止缺水缺肥。发病初期适当清除老叶、病叶，既可减少田间菌源，又有利于通风透光，降低葡萄园湿度。

（3）化学防治：越冬期枝蔓上喷洒石硫合剂；发病初期喷洒石硫合剂或12.5%烯唑醇可湿性粉剂 4 000 ～ 5 000 倍液或 10% 苯醚甲环唑水分散粒剂2 500 倍液，隔 15 ～ 20 天 1 次，防治 1 次或 2 次。

7. 葡萄根瘤蚜

（1）为害特点：仅为害葡萄，是国际和国内重要检疫对象之一。可分为根瘤型和叶瘿型两种，以成虫和若虫为害葡萄叶片和根部。主要为害根部，有时也为害叶片。受害的葡萄根形成许多瘤，容易坏死腐烂，树势衰弱；叶片被害后，在背形成虫瘿，有时叶片畸形萎缩，影响叶片的生长和光合，使植株发育不良，甚至整株死亡。

（2）农业防治：严格检疫，不引进携带虫卵的苗木；使用抗病砧木培养成苗，或者利用组织培养技术培育无毒苗；及时刨除被害植株，并对园地土壤进行消毒。

（3）物理防治：对苗木进行消毒，栽种前，先将苗木或插条放入 30 ～

40℃热水中浸泡 5 ～ 7 分钟，再放入 50 ～ 80℃热水中浸泡 10 分钟左右。

（4）化学防治：为害较轻时，用 50% 的抗蚜威 2 000 倍液灌根。为害较重时，用 50% 辛硫磷乳油 500 克，均匀拌入 25 千克细土，每亩用药量约 250 克，于 15—16 时施药，施药后随即深锄入土内。

葡萄根瘤蚜

8. 葡萄红蜘蛛

（1）为害特点：主要为害葡萄新梢、叶片、果柄和果穗，被害叶初期失绿，后呈黑褐色锈斑，严重时叶片焦枯脱落，果实受害后，果面铁锈色，果皮粗糙，甚至龟裂，味酸，严重影响产量和质量。

葡萄红蜘蛛为害叶片状

葡萄红蜘蛛

（2）农业防治：秋冬季节刮除老树皮并烧毁。

（3）化学防治：春季发芽前喷施石硫合剂；生长季喷施 1.8% 阿维菌素乳油 2 000 倍液或 15% 哒螨灵乳油 1 500 倍液。

葡萄主要病虫害防治历

时 间	物候期	防治对象	防治方法	备 注
11月至翌年3月中旬	休眠期	越冬病菌和虫卵，防冻害	①将枯枝落叶全部清除出园烧毁；②落架埋土	
3月下旬至4月初（出土后萌芽前）		预防多种病害和介壳虫	45% 石硫合剂晶体 150～300 喷施	石硫合剂单独使用
4月	萌芽期	多种真、细菌越冬菌源	1.5% 金霉唑水乳剂 600 倍液、45% 咪鲜胺水乳剂 2 000 倍液、20% 噻菌铜 600 倍液喷施	每次施药注意间隔 12～15 天
5月	花期 花前2～3天	穗轴褐枯病、霜霉病	68% 甲霜·锰锌 800 倍液或 25% 嘧菌酯 1 500 倍液喷施	施药时可加硼等微量元素的制剂
	花后	白腐病、黑痘病、白粉病、炭疽病、霜霉病、螨类	60% 唑醚·代森联 800 倍液 + 1.8% 阿维菌素 2 000 倍液	
6月至7月	果膨大期 套袋前	灰霉病、霜霉病、黑痘病、白腐病	50% 啶酰菌胺 1 200 倍液、10% 苯醚甲环唑 1 500 倍液浸果或喷施	保护性杀菌剂可在无病虫害时使用，如 80% 代森锰锌、波尔多液等，每次施药可加含钙等微量元素的制剂
8月	膨大着色期 套袋后	红蜘蛛、叶蝉、蛾类、霜霉病、黑痘病、白粉病、炭疽病	① 15% 哒螨灵 1 500 倍或 1.8% 阿维菌素 2 000 倍液 +2.5% 高效氯氟氰菊酯 2 000 倍液 +25% 嘧菌酯 1 500 倍液；② 10% 苯醚甲环唑 1 500 倍液 + 1.5% 金霉唑 600 倍液喷施	
	去袋前后	红蜘蛛、霜霉病、黑痘病、炭疽病	45% 咪鲜胺 1 500 倍液，25% 嘧菌酯 1 500 倍液喷施	早熟品种提前去袋 15～20 天，采收前 15 天停止用药
9月	成熟期	采收后防霜霉病保叶	72% 霜脲锰锌 800 倍液喷施	
10月	落叶期	越冬病源菌	50% 多菌灵 600 倍液喷施	

附录 A

农药安全使用规范 总则

（NY/T 1276—2007）

1 范 围

本标准规定了使用农药人员的安全防护和安全操作的要求。

本标准适用于农业使用农药人员。

2 规范性引用文件

下列文件中的条款通过本标准的引用而成为本标准的条款。凡是注日期的引用文件，其随后所有的修改单（不包括勘误的内容）或修订版均不适用于本标准。然而，鼓励根据本标准达成协议的各方研究是否可使用这些文件的最新版本。凡是不注日期的引用文件，其最新版本适用于本标准。

GB 12475 农药贮运、销售和使用的防毒规程

NY 608 农药产品标签通则

3 术语和定义

下列术语和定义适用于本标准。

3.1 持效期 pesticide duration

农药施用后，能够有效控制农作物病、虫、草和其他有害生物为害所持续的时间。

3.2 安全使用间隔期 preharvest interval

最后一次施药至作物收获时安全允许间隔的天数。

3.3 农药残留 pesticide residue

农药使用后在农产品和环境中的农药活性成分及其在性质上和数量上有毒理学意义的代谢（或降解、转化）产物。

3.4 用药量 formulation rate

单位面积上施用农药制剂的体积或质量。

3.5 施药液量 spray volume

单位面积上喷施药液的体积。

3.6 低容量喷雾 low volume spray

每公顷施药液量在 50 L ～ 200 L（大田作物）或 200 L ～ 500 L（树木或灌木林）的喷雾方法。

3.7 高容量喷雾 high volume spray

每公顷施药液量在 600 L 以上（大田作物）或 1 000 L 以上（树木或灌木林）的喷雾方法。也称常规喷雾法。

4 农药选择

4.1 按照国家政策和有关法规规定选择

4.1.1 应按照农药产品登记的防治对象和安全使用间隔期选择农药。

4.1.2 严禁选用国家禁止生产、使用的农药；选择限用的农药应按照有关规定；不得选择剧毒、高毒农药用于蔬菜、茶叶、果树、中药材等作物和防治卫生害虫。

4.2 根据防治对象选择

4.2.1 施药前应调查病、虫、草和其他有害生物发生情况，对不能识别和不能确定的，应查阅相关资料或咨询有关专家，明确防治对象并获得指导性防治意见后，根据防治对象选择合适的农药品种。

4.2.2 病、虫、草和其他有害生物单一发生时，应选择对防治对象专一性强的农药品种；混合发生时，应选择对防治对象有效的农药。

4.2.3 在一个防治季节应选择不同作用机理的农药品种交替使用。

4.3 根据农作物和生态环境安全要求选择

4.3.1 应选择对处理作物、周边作物和后茬作物安全的农药品种。

4.3.2 应选择对天敌和其他有益生物安全的农药品种。

4.3.3 应选择对生态环境安全的农药品种。

5 农药购买

购买农药应到具有农药经营资格的经营点，购药后应索取购药凭证或发票。所购买的农药应具有符合 NY 608 要求的标签以及符合要求的农药包装。

6 农药配制

6.1 量 取

6.1.1 量取方法

6.1.1.1 准确核定施药面积，根据农药标签推荐的农药使用剂量或植保技术人员的推荐，计算用药量和施药液量。

6.1.1.2 准确量取农药，量具专用。

6.1.2 安全操作

6.1.2.1 量取和称量农药应在避风处操作。

6.1.2.2 所有称量器具在使用后都要清洗，冲洗后的废液应在远离居所、水源和作物的地点妥善处理。用于量取农药的器皿不得作其他用途。

6.1.2.3 在量取农药后，封闭原农药包装并将其安全贮存。农药在使用前应始终保存在其原包装中。

6.2 配 制

6.2.1 场所。应选择在远离水源、居所、畜牧栏等场所。

6.2.2 时间。应现用现配，不宜久置；短时存放时，应密封并安排专人保管。

6.2.3 操作。

6.2.3.1 应根据不同的施药方法和防治对象、作物种类和生长时期确定施药液量。

6.2.3.2 应选择没有杂质的清水配制农药，不应用配制农药的器具直接取水，药液不应超过额定容量。

6.2.3.3 应根据农药剂型，按照农药标签推荐的方法配制农药。

6.2.3.4 应采用"二次法"进行操作：

（1）用水稀释的农药：先用少量水将农药制剂稀释成"母液"，然后再将"母液"进一步稀释至所需要的浓度。

（2）用固体载体稀释的农药：应先用少量稀释载体（细土、细沙、固体肥料等）将农药制剂均匀稀释成"母粉"，然后再进一步稀释至所需要的用量。

6.2.3.5 配制现混现用的农药，应按照农药标签上的规定或在技术人员的指导下进行操作。

7　农药施用

7.1　施药时间

7.1.1　根据病、虫、草和其他有害生物发生程度和药剂本身性能，结合植保部门的病虫情报信息，确定是否施药和施药适期。

7.1.2　不应在高温、雨天及风力大于3级时施药。

7.2　施药器械

7.2.1　施药器械的选择

7.2.1.1　应综合考虑防治对象、防治场所、作物种类和生长情况、农药剂型、防治方法、防治规模等情况：

（1）小面积喷洒农药宜选择手动喷雾器。

（2）较大面积喷洒农药宜选用背负机动气力喷雾机，果园宜采用风送弥雾机。

（3）大面积喷洒农药宜选用喷杆喷雾机或飞机。

7.2.1.2　应选择正规厂家生产、经国家质检部门检测合格的药械。

7.2.1.3　应根据病、虫、草和其他有害生物防治需要和施药器械类型选择合适的喷头，定期更换磨损的喷头：

（1）喷洒除草剂和生长调节剂应采用扇形雾喷头或激射式喷头。

（2）喷洒杀虫剂和杀菌剂宜采用空心圆锥雾喷头或扇形雾喷头。

（3）禁止在喷杆上混用不同类型的喷头。

7.2.2　施药器械的检查与校准

7.2.2.1　施药作业前，应检查施药器械的压力部件、控制部件。喷雾器（机）截止阀应能够自如扳动，药液箱盖上的进气孔应畅通，各接口部分没有滴漏情况。

7.2.2.2　在喷雾作业开始前、喷雾机具检修后、拖拉机更换车轮后或者安装新的喷头时，应对喷雾机具进行校准，校准因子包括行走速度、喷幅以及药液流量和压力。

7.2.3　施药机械的维护

7.2.3.1　施药作业结束后，应仔细清洗机具，并进行保养。存放前应对可能锈蚀的部件涂防锈黄油。

7.2.3.2 喷雾器（机）喷洒除草剂后，必须用加有清洗剂的清水彻底清洗干净（至少清洗三遍）。

7.2.3.3 保养后的施药器械应放在干燥通风的库房内，切勿靠近火源，避免露天存放或与农药、酸、碱等腐蚀性物质存放在一起。

7.3 施药方法

应按照农药产品标签或说明书规定，根据农药作用方式、农药剂型、作物种类和防治对象及其生物行为情况选择合适的施药方法。施药方法包括喷雾、撒颗粒、喷粉、拌种、熏蒸、涂抹、注射、灌根、毒饵等。

7.4 安全操作

7.4.1 田间施药作业

7.4.1.1 应根据风速（力）和施药器械喷洒部件确定有效喷幅，并测定喷头流量，按以下公式计算出作业时的行走速度：

$$V = \frac{Q}{q \times B} \times 10$$

式中，

V——行走速度，米／秒（m/s）；

Q——喷头流量，毫升／秒（mL/s）；

q——农艺上要求的施药液量，升／公顷（L/hm^2）；

B——喷雾时的有效喷幅，米（m）。

7.4.1.2 应根据施药机械喷幅和风向确定田间作业行走路线。使用喷雾机具施药时，作业人员应站在上风向，顺风隔行前进或逆风退行两边喷洒，严禁逆风前行喷洒农药和在施药区穿行。

7.4.1.3 背负机动气力喷雾机宜采用降低容量喷雾方法，不应将喷头直接对着作物喷雾和沿前进方向摇摆喷洒。

7.4.1.4 使用手动喷雾器喷洒除草剂时，喷头一定要加装防护罩，对准有害杂草喷施。喷洒除草剂的药械宜专用，喷雾压力应在 0.3 MPa 以下。

7.4.1.5 喷杆喷雾机应具有三级过滤装置，末级过滤器的滤网孔对角线尺寸应小于喷孔直径的 2/3。

7.4.1.6 施药过程中遇喷头堵塞等情况时，应立即关闭截止阀，先用清水冲洗喷头，然后戴着乳胶手套进行故障排除，用毛刷疏通喷孔，严禁用嘴吹吸喷头和滤网。

7.4.2　设施内施药作业

7.4.2.1　采用喷雾法施药时，宜采用低容量喷雾法，不宜采用高容量喷雾法。

7.4.2.2　采用烟雾法、粉尘法、电热熏蒸法等施药时，应在傍晚封闭棚室后进行，次日应通风1小时后人员方可进入。

7.4.2.3　采用土壤熏蒸法进行消毒处理期间，人员不得进入棚室。

7.4.2.4　热烟雾机在使用时和使用后半个小时内，应避免触摸机身。

8　安全防护

8.1　人　员

配制和施用农药人员应身体健康，经过专业技术培训，具备一定的植保知识。严禁儿童、老人、体弱多病者、经期、孕期、哺乳期妇女参与上述活动。

8.2　防　护

配制和施用农药时应穿戴必要的防护用品，严禁用手直接接触农药，谨防农药进入眼睛、接触皮肤或吸入体内。应按照GB 12475的规定执行。

9　农药施用后

9.1　警示标志

施过农药的地块要树立警示标志，在农药的持效期内禁止放牧和采摘，施药后24 h内禁止进入。

9.2　剩余农药的处理

9.2.1　未用完农药制剂。应保存在其原包装中，并密封贮存于上锁的地方，不得用其他容器盛装，严禁用空饮料瓶分装剩余农药。

9.2.2　未喷完药液（粉）。在该农药标签许可的情况下，可再将剩余药液用完。对于少量的剩余药液，应妥善处理。

9.3　废容器和废包装的处理

9.3.1　处理方法。玻璃瓶应冲洗3次，砸碎后掩埋；金属罐和金属桶应冲洗3次，砸扁后掩埋；塑料容器应冲洗3次，砸碎后掩埋或烧毁；纸包装应烧毁或掩埋。

9.3.2 安全注意事项

9.3.2.1 焚烧农药废容器和废包装应远离居所和作物，操作人员不得站在烟雾中，应阻止儿童接近。

9.3.2.2 掩埋废容器和废包装应远离水源和居所。

9.3.2.3 不能及时处理的废农药容器和废包装应妥善保管，应阻止儿童和牲畜接触。

9.3.2.4 不应用废农药容器盛装其他农药，严禁用作人、畜饮食用具。

9.4 清洁与卫生

9.4.1 施药器械的清洗。不应在小溪、河流或池塘等水源中冲洗或洗涮施药器械，洗涮过施药器械的水应倒在远离居民点、水源和作物的地方。

9.4.2 防护服的清洗

9.4.2.1 施药作业结束后，应立即脱下防护服及其他防护用具，装入事先准备好的塑料袋中带回处理。

9.4.2.2 带回的各种防护服、用具、手套等物品，应立即清洗 2～3 遍，晾干存放。

9.4.3 施药人员的清洁。施药作业结束后，应及时用肥皂和清水清洗身体，并更换干净衣服。

9.5 用药档案记录

每次施药应记录天气状况、作物种类、用药时间、药剂品种、防治对象、用药量、对水量、喷洒药液量、施用面积、防治效果、安全性。

10 农药中毒现场急救

10.1 中毒者自救

10.1.1 施药人员如果将农药溅入眼睛内或皮肤上，应及时用大量干净、清凉的水冲洗数次或携带农药标签前往医院就诊。

10.1.2 施药人员如果出现头痛、头昏、恶心、呕吐等农药中毒症状，应立即停止作业，离开施药现场，脱掉污染衣服或携带农药标签前往医院就诊。

10.2 中毒者救治

10.2.1 发现施药人员中毒后，应将中毒者放在阴凉、通风的地方，防止受热或受凉。

10.2.2 应带上引起中毒的农药标签立即将中毒者送至最近的医院采取医疗措施救治。

10.2.3 如果中毒者出现停止呼吸现象，应立即对中毒者施以人工呼吸。

附录 B

国家禁限用农药名录

附表 B-1 中国禁止生产、销售和使用的 33 种农药

中文通用名	英文通用名	中文通用名	英文通用名
甲胺磷	Methamidophos	敌枯双	
甲基对硫磷	Parathion-methyl	氟乙酰胺	Fluoroacetamide
对硫磷	Parathion	甘 氟	Gliftor
久效磷	Monocrotophos	毒鼠强	Tetramine
磷 胺	Phosphamidon	氟乙酸钠	Sodium fluoroacetate
六六六	BHC	毒鼠硅	Silatrane
滴滴涕	DDT	苯线磷	Fenamiphos
毒杀芬	Strobane	地虫硫磷	Fonofos
二溴氯丙烷	Dibromochloropropane	甲基硫环磷	Phosfolan-methyl
杀虫脒	Chlordimeform	磷化钙	Calcium phosphide
二溴乙烷	EDB	磷化镁	Magnesium phosphide
除草醚	Nitrofen	磷化锌	Zinc phosphide
艾氏剂	Aldrin	硫线磷	Cadusafos
狄氏剂	Dieldrin	蝇毒磷	Coumaphos
汞制剂	Mercury compounds	治螟磷	Sulfotep
砷 类	Arsenide compounds	特丁硫磷	Terbufos
铅 类	Plumbum compounds		

附表 B-2　在蔬菜、果树、茶叶、中草药材上不得使用和限制使用的 17 种农药

中文通用名	英文通用名	禁止使用作物
甲拌磷	Phorate	蔬菜、果树、茶树、中草药材
甲基异柳磷	Isofenphos-methyl	蔬菜、果树、茶树、中草药材
内吸磷	Demeton	蔬菜、果树、茶树、中草药材
克百威	Carbofuran	蔬菜、果树、茶树、中草药材
涕灭威	Aldicarb	蔬菜、果树、茶树、中草药材
灭线磷	Ethoprophos	蔬菜、果树、茶树、中草药材
硫环磷	Phosfolan	蔬菜、果树、茶树、中草药材
氯唑磷	Isazofos	蔬菜、果树、茶树、中草药材
水胺硫磷	Isocarbophos	柑橘树
灭多威	Methomyl	柑橘树、苹果树、茶树、十字花科蔬菜
硫丹	Endosulfan	苹果树、茶树
溴甲烷	Methyl bromide	草莓、黄瓜
氧乐果	Omethoate	甘蓝、柑橘树
三氯杀螨醇	Dicofol	茶树
氰戊菊酯	Fenvalerate	茶树
丁酰肼	Daminozide	花生
氟虫腈	Fitronil	除卫生用、玉米等部分旱田种子包衣剂外的其他用途

注：按照《农药管理条例》规定，任何农药产品都不得超出农药登记批准的使用范围使用。

附录 C

农业部发布毒死蜱、三唑磷等 7 种农药禁限用规定

　　为保障农业生产安全、农产品质量安全和生态环境安全，维护人民群众生命安全和健康，2013 年 12 月 9 日，农业部颁布第 2032 号公告，决定对氯磺隆、胺苯磺隆、甲磺隆、福美胂、福美甲胂、毒死蜱和三唑磷 7 种农药采取进一步禁限用管理措施。公告具体事项如下。

　　一、自 2013 年 12 月 31 日起，撤销氯磺隆（包括原药、单剂和复配制剂，下同）的农药登记证，自 2015 年 12 月 31 日起，禁止氯磺隆在国内销售和使用。

　　二、自 2013 年 12 月 31 日起，撤销胺苯磺隆单剂产品登记证，自 2015 年 12 月 31 日起，禁止胺苯磺隆单剂产品在国内销售和使用；自 2015 年 7 月 1 日起，撤销胺苯磺隆原药和复配制剂产品登记证，自 2017 年 7 月 1 日起，禁止胺苯磺隆复配制剂产品在国内销售和使用。

　　三、自 2013 年 12 月 31 日起，撤销甲磺隆单剂产品登记证，自 2015 年 12 月 31 日起，禁止甲磺隆单剂产品在国内销售和使用；自 2015 年 7 月 1 日起，撤销甲磺隆原药和复配制剂产品登记证，自 2017 年 7 月 1 日起，禁止甲磺隆复配制剂产品在国内销售和使用；保留甲磺隆的出口境外使用登记，企业可在 2015 年 7 月 1 日前，申请将现有登记变更为出口境外使用登记。

　　四、自本公告发布之日起，停止受理福美胂和福美甲胂的农药登记申请，停止批准福美胂和福美甲胂的新增农药登记证；自 2013 年 12 月 31 日起，撤销福美胂和福美甲胂的农药登记证，自 2015 年 12 月 31 日起，禁止福美胂和福美甲胂在国内销售和使用。

　　五、自本公告发布之日起，停止受理毒死蜱和三唑磷在蔬菜上的登记申请，停止批准毒死蜱和三唑磷在蔬菜上的新增登记；自 2014 年 12 月 31 日起，撤销毒死蜱和三唑磷在蔬菜上的登记，自 2016 年 12 月 31 日起，禁止毒死蜱和三唑磷在蔬菜上使用。

附录 D

种植业生产使用低毒低残留农药主要品种名录

（2014 年农业部推荐）

附表 D-1　主要低毒低残留杀虫剂

序　号	农药品种名称	使用范围
1	多杀霉素	甘蓝、柑橘树、大白菜、茄子、节瓜
2	联苯肼酯	苹果树
3	四螨嗪	苹果树、梨树、柑橘树
4	溴螨酯	柑橘树、苹果树
5	菜青虫颗粒体病毒	十字花科蔬菜
6	茶尺蠖核型多角病毒	茶　树
7	虫酰肼	十字花科蔬菜、苹果树
8	除虫脲	小麦、甘蓝、苹果树、茶树
9	短稳杆菌	十字花科蔬菜、水稻
10	氟啶脲	甘蓝、棉花、柑橘树、萝卜
11	氟铃脲	甘蓝、棉花
12	甘蓝夜蛾核型多角体病毒	甘蓝、棉花
13	甲氧虫酰肼	甘蓝、苹果树
14	金龟子绿僵菌	苹果树、大白菜、椰树
15	矿物油	黄瓜、番茄、苹果树、梨树、柑橘树、茶树
16	螺虫乙酯	番茄、苹果树、柑橘树
17	氯虫苯甲酰胺	甘蓝、苹果树、水稻、棉花、甘蔗、花椰菜
18	棉铃虫核型多角体病毒	棉　花

（续表）

序　号	农药品种名称	使用范围
19	灭蝇胺	黄瓜、菜豆
20	灭幼脲	甘蓝
21	苜蓿银纹夜蛾核型多角体病毒	十字花科蔬菜
22	球孢白僵菌	水稻、花生、茶树、小白菜、棉花
23	杀铃脲	柑橘树、苹果树
24	苏云金杆菌	十字花科蔬菜、梨树、柑橘树、水稻、玉米、大豆、茶树、甘薯、高粱、烟草、枣树、棉花
25	甜菜夜蛾核型多角体病毒	十字花科蔬菜
26	烯啶虫胺	柑橘树、棉花
27	斜纹夜蛾核型多角体病毒	十字花科蔬菜
28	乙基多杀菌素	甘蓝、茄子
29	印楝素	甘蓝

注：按照登记标签标注的使用范围和注意事项使用。

附表 D-2　主要低毒低残留杀菌剂（含杀线虫剂）

序　号	农药品种名称	使用范围
1	啶酰菌胺	黄瓜、草莓
2	几丁聚糖	黄瓜、番茄、水稻、小麦、玉米、大豆、棉花
3	淡紫拟青霉	番茄
4	R-烯唑醇	梨树
5	氨基寡糖素	黄瓜、番茄、梨树、西瓜、水稻、玉米、白菜、烟草、棉花
6	苯醚甲环唑	黄瓜、番茄、苹果树、梨树、柑橘树、西瓜、水稻、小麦、茶树、人参、大蒜、芹菜、大白菜、荔枝树、芦笋

（续表）

序　号	农药品种名称	使用范围
7	丙环唑	水稻、香蕉
8	春雷霉素	水稻、番茄
9	稻瘟灵	水稻
10	低聚糖素	番茄、水稻、小麦、玉米、胡椒
11	地衣芽孢杆菌	黄瓜（保护地）、西瓜
12	多粘类芽孢杆菌	黄瓜、番茄、辣椒、西瓜、茄子、烟草
13	噁霉灵	黄瓜（苗床）、西瓜、甜菜、水稻
14	氟啶胺	辣椒
15	氟吗啉	黄瓜
16	氟酰胺	水稻
17	菇类蛋白多糖	番茄、水稻
18	寡雄腐霉菌	番茄、水稻、烟草
19	己唑醇	水稻、小麦、番茄、苹果树、梨树、葡萄
20	枯草芽孢杆菌	黄瓜、辣椒、草莓、水稻、棉花、马铃薯、三七
21	喹啉酮	苹果树
22	蜡质芽孢杆菌	番茄、小麦、水稻
23	咪鲜胺	黄瓜、辣椒、苹果树、柑橘、葡萄、西瓜、香蕉、荔枝、龙眼
24	咪鲜胺锰盐	黄瓜、辣椒、苹果树、柑橘、葡萄、西瓜
25	嘧菌酯	葡萄
26	木霉菌	黄瓜、番茄、小麦
27	宁南霉素	水稻、苹果树
28	葡聚烯糖	番茄
29	噻呋酰胺	水稻、马铃薯

（续表）

序　号	农药品种名称	使用范围
30	噻菌灵	苹果树、柑橘、香蕉
31	三乙膦酸铝	黄瓜
32	三唑醇	水稻、小麦、香蕉
33	三唑酮	水稻、小麦
34	戊菌唑	葡萄
35	烯酰吗啉	黄瓜
36	香菇多糖	西葫芦、烟草
37	乙嘧酚	黄瓜
38	异菌脲	番茄、苹果树、葡萄、香蕉
39	抑霉唑	苹果树、柑橘
40	荧光假单胞杆菌	番茄、烟草

注：按照登记标签标注的使用范围和注意事项使用。

附表 D-3　主要低毒低残留除草剂

序　号	农药品种名称	使用范围
1	苯磺隆	小麦
2	苯噻酰草胺	水稻（抛秧田、移栽田）
3	吡嘧磺隆	水稻（抛秧田、移栽田、秧田）
4	苄嘧磺隆	水稻（直播田、移栽田、抛秧田）
5	丙炔噁草酮	水稻移栽田、马铃薯田
6	丙炔氟草胺	柑橘园、大豆田
7	精吡氟禾草灵	大豆田、棉花田、花生田、甜菜

（续表）

序　号	农药品种名称	使用范围
8	精喹禾灵	油菜田、棉花田、大豆田
9	精异丙甲草胺	玉米田、花生田、油菜移栽田、夏大豆田、甜菜田、芝麻田
10	氯氟吡氧乙酸	小麦田
11	氰氟草酯	水稻（直播田、秧田、移栽田）
12	烯禾啶	花生田、油菜田、大豆田、亚麻、甜菜田
13	硝磺草酮	玉米田
14	异丙甲草胺	玉米田、花生田、大豆田
15	仲丁灵	棉花田

注：按照登记标签标注的使用范围和注意事项使用。

附表 D-4　主要低毒低残留植物生长调节剂

序　号	农药品种名称	使用范围
1	S- 诱抗素	番茄、水稻、烟草、棉花
2	胺鲜酯	大白菜
3	赤霉酸 A3	梨树、水稻、菠菜、芹菜
4	赤霉酸 A4+A7	苹果树、梨树、荔枝树、龙眼树
5	萘乙酸	水稻、小麦、苹果树、棉花
6	乙烯利	番茄、玉米、香蕉、荔枝树、棉花
7	芸苔素内酯	黄瓜、番茄、辣椒、苹果树、梨树、柑橘树、葡萄、草莓、香蕉、水稻、小麦、玉米、花生、油菜、大豆、叶菜类蔬菜、荔枝树、龙眼树、棉花、甘蔗

注：按照登记标签标注的使用范围和注意事项使用。

附录 E

北京市 2015 年农作物病虫草鼠害
绿色防控农药与药械产品推荐名录

附表 E-1　蔬菜作物推荐杀虫剂

序号	产品名称	生产厂家	防治对象	亩制剂用量	施用方法	安全间隔期	每季最多施用次数
1	99% 矿物油乳油	吉克特种油株式会社	番茄烟粉虱	300～500 克	喷雾	无	无
2	22.4% 螺虫乙酯悬浮剂	拜耳作物科学（中国）有限公司	番茄烟粉虱	20～30 毫升	喷雾	5 天	1 次
3	0.5% 苦参碱可溶液剂	北京亚戈农生物药业有限公司	甘蓝蚜虫	80～120 毫升	喷雾	14 天	1 次
4	1.5% 苦参碱可溶液剂	成都新朝阳作物科学有限公司	（甘蓝、芹菜、辣椒、番茄、茄子、黄瓜、草莓）蚜虫	30～40 克	喷雾	10 天	黄瓜 3 次，其他 1 次
5	5% 除虫菊素乳油	云南创森实业有限公司	十字花科蚜虫	30～50 毫升	喷雾	1 天（厂家建议）	3～4 次
6	1.5% 除虫菊素水乳剂	云南南宝生物科技有限责任公司	十字花科蚜虫	120～180 毫升	喷雾	2 天	3 次
7	20% 吡虫啉可溶液剂	深圳诺普信农化股份有限公司	甘蓝蚜虫	8～12 毫升	喷雾	7 天（厂家建议）	2 次（厂家建议）
8	70% 吡虫啉水分散粒剂	陕西上格之路生物科学有限公司	甘蓝蚜虫	1.5～2 克	喷雾	7 天	3 次

（续表）

序号	产品名称	生产厂家	防治对象	亩制剂用量	施用方法	安全间隔期	每季最多施用次数
9	50克/升氯氟氰菊酯乳油	山东科大创业生物有限公司	甘蓝蚜虫	27～33毫升	喷雾	7天	2次
10	1.5%除虫菊素水乳剂	内蒙古清源保生物科技有限公司	叶菜蚜虫	80～160毫升	喷雾	2～3天（厂家建议）	无
11	70%啶虫脒水分散粒剂	广东省东莞市瑞德丰生物科技有限公司	黄瓜蚜虫	2～2.5克	喷雾	1天	2次
12	80%灭蝇胺水分散粒剂	北京华戎生物激素厂	黄瓜美洲斑潜蝇	15～19克	喷雾	2天	2次
13	0.5%藜芦碱可溶液剂	成都新朝阳作物科学有限公司	（辣椒、茄子、草莓）红蜘蛛	120～140克	喷雾	10天	1次
14	0.5%藜芦碱可溶液剂	河北馥稷生物科技有限公司	甘蓝菜青虫	75～100克	喷雾	3天	3次
15	0.5%苦参碱水剂	北京三浦百草绿色植物制剂有限公司	十字花科菜青虫 / 十字花科蚜虫	86～115毫升 / 36～54毫升	喷雾	14天（甘蓝）	1次（甘蓝）
16	16 000IU/毫克苏云金杆菌可湿性粉剂	山东科大创业生物有限公司	十字花科菜青虫	37.5～50克	喷雾	1天（厂家建议）	无
17	32 000IU/毫克苏云金杆菌可湿性粉剂	武汉科诺生物科技股份有限公司	十字花科菜青虫	30～50克	喷雾	无	无
18	4.5%高效氯氰菊酯水乳剂	北京华戎生物激素厂	十字花科菜青虫	30～50毫升	喷雾	7天	3～4次

（续表）

序号	产品名称	生产厂家	防治对象	亩制剂用量	施用方法	安全间隔期	每季最多施用次数
19	25% 灭幼脲悬浮剂	河南省安阳市安林生物化工有限责任公司	甘蓝菜青虫	2.5～5克	喷雾	7天	3次
20	3% 甲氨基阿维菌素苯甲酸盐微乳剂	广东省东莞市瑞德丰生物科技有限公司	甘蓝甜菜夜蛾	5～8.3毫升	喷雾	7天	2次
21	10 亿 PIB/毫升甜菜夜蛾核型多角体病毒悬浮剂	广东省广州市中达生物工程有限公司	甘蓝甜菜夜蛾	50～100毫升	喷雾	7天	无
22	300 亿 PIB/克甜菜夜蛾核型多角体病毒水分散粒剂	河南省济源白云实业有限公司	十字花科甜菜夜蛾	2～5克	喷雾	无	无
23	300 亿 OB/毫升小菜蛾颗粒体病毒悬浮剂	河南省济源白云实业有限公司	十字花科小菜蛾	25～30毫升	喷雾	无	无
24	5% 甲氨基阿维菌素苯甲酸盐水分散粒剂	天津市华宇农药有限公司	甘蓝小菜蛾	1.5～3克	喷雾	7天	2次
25	15% 茚虫威水分散粒剂	北京华戎生物激素厂	甘蓝小菜蛾	8～13克	喷雾	3天	3次
26	5% 氟铃脲乳油	山东科大创业生物有限公司	甘蓝小菜蛾	40～70毫升	喷雾	20天	2次

附表 E-2　蔬菜作物推荐杀菌剂

序号	类别	产品名称	生产厂家	防治对象	亩制剂用量	施用方法	安全间隔期	每季最多施用次数
1	生物源	10% 多抗霉素可湿性粉剂	陕西上格之路生物科学有限公司	番茄叶霉病、黄瓜灰霉病	100～140 克	喷雾	2 天	3 次
2	植物源	100 万孢子/克寡雄腐霉菌可湿性粉剂	捷克生物制剂股份有限公司	番茄晚疫病	6.7～20 克	喷雾	无	无
3	植物源	4% 嘧啶核苷类抗菌素水剂	武汉科诺生物科技股份有限公司	番茄晚疫病、瓜类白粉病	400 倍	喷雾	7～10 天（厂家建议）	3～4 次（厂家建议）
4	植物源	2.1% 丁子·香芹酚水剂	科伯特（大连）生物制品有限公司	番茄灰霉病	107～150 毫升	喷雾	3 天	3 次
5	微生物源	3 亿 CFU/克哈茨木霉可湿性粉剂	美国拜沃股份有限公司	番茄灰霉病	100～166.7 克	喷雾	无	无
				番茄立枯病	4～6 克/平方米	灌根		
				番茄猝倒病				
6	化学源	40% 双胍三辛烷基苯磺酸盐可湿性粉剂	江苏龙灯化学有限公司	番茄灰霉病	30～50 克	喷雾	1 天	3 次
				黄瓜白粉病	1 000～2 000 倍			5 次
				西瓜蔓枯病	800～1 000 倍			4 次
7	化学源	10% 腐霉利烟剂	河南省安阳市安林生物化工有限责任公司	番茄灰霉病	20～30 克	点燃放烟	7 天	2 次
8	生物源	3% 中生菌素可湿性粉剂	广东省东莞市瑞德丰生物科技有限公司	番茄青枯病	600～800 倍	灌根	8 天	2 次

（续表）

序号	类别	产品名称	生产厂家	防治对象	亩制剂用量	施用方法	安全间隔期	每季最多施用次数
9	植物源	0.1% 大黄素甲醚水剂	内蒙古清源保生物科技有限公司	番茄病毒病	60～100 毫升	喷雾	2～3 天（厂家建议）	无
10	生物源	1% 香菇多糖水剂	北京三浦百草绿色植物制剂有限公司	番茄病毒病	150～250 毫升	喷雾	2～3 天（厂家建议）	无
11	植物源	0.5% 大黄素甲醚水剂	内蒙古清源保生物科技有限公司	黄瓜白粉病	240～600 毫升	喷雾	2～3 天（厂家建议）	无
12	矿物源	99% 矿物油乳油	吉克特种油株式会社	黄瓜白粉病	200～300 克	喷雾	无	无
13	生物源	1% 蛇床子素水乳剂	江苏省苏科农化有限责任公司	黄瓜（保护地）白粉病	150～200 克	喷雾	1～2 天（厂家建议）	7～8 次（厂家建议）
14	化学源	42.8% 氟菌·肟菌酯悬浮剂	拜耳作物科学（中国）有限公司	黄瓜白粉病	5～10 毫升	喷雾	3 天	2 次
				黄瓜炭疽病	15～25 毫升	喷雾	3 天	2 次
				黄瓜靶斑病	15～25 毫升	喷雾	3 天	2 次
				辣椒炭疽病	20～30 毫升	喷雾	5 天	2 次
				番茄叶霉病	20～30 毫升	喷雾	5 天	2 次
				西瓜蔓枯病	15～25 毫升	喷雾	7 天	2 次
15	化学源	50% 醚菌酯水分散粒剂	广东省东莞市瑞德丰生物科技有限公司	黄瓜白粉病	15～20 克	喷雾	5 天	3 次

（续表）

序号	类别	产品名称	生产厂家	防治对象	亩制剂用量	施用方法	安全间隔期	每季最多施用次数
16	生物源	1 000 亿芽孢 / 克枯草芽孢杆菌可湿性粉剂	武汉科诺生物科技股份有限公司	黄瓜灰霉病	35 ～ 55 克	喷雾	无	无
17	植物源	1.5% 苦参碱可溶液剂	成都新朝阳作物科学有限公司	（黄瓜、西葫芦）霜霉病	24 ～ 32 克	喷雾	10 天	3 次
18	化学源	250 克 / 升嘧菌酯悬浮剂	陕西上格之路生物科学有限公司	黄瓜霜霉病	32 ～ 48 毫升	喷雾	3 天	3 次
19	化学源	77% 硫酸铜钙可湿性粉剂	江苏龙灯化学有限公司	黄瓜霜霉病	125 ～ 175 克	喷雾	10 天（厂家建议）	3 次（厂家建议）
20	化学源	72% 霜脲·锰锌可湿性粉剂	河北双吉化工有限公司	黄瓜霜霉病	133 ～ 167 克	喷雾	4 天	3 次
21	化学源	80% 烯酰吗啉水分散粒剂	山东科大创业生物有限公司	黄瓜霜霉病	16 ～ 20 克	喷雾	7 天（厂家建议）	3 次（厂家建议）
22	生物源	10 亿 CFU/克多粘类芽孢杆菌可湿性粉剂	浙江省桐庐汇丰生物科技有限公司	黄瓜角斑病	100 ～ 200 克	喷雾	无	无
				番茄青枯病	100 倍3 000 倍	浸种泼浇灌根		
				西瓜枯萎病	440 ～ 680 克			
				西瓜炭疽病	100 ～ 200 克	喷雾		
23	生物源	0.5% 阿维菌素颗粒剂	深圳诺普信农化股份有限公司	黄瓜根结线虫	3 000 ～ 3 500 克	沟施穴施	50 天（露地栽培）	1 次
24	化学源	15% 腐霉利烟剂	北京华戎生物激素厂	韭菜灰霉病	20 ～ 50 克	点燃放烟	30 天	2 次

附表 E-3　粮经作物推荐农药

种类	序号	类别	产品名称	生产厂家	防治对象	亩制剂用量	施用方法	安全间隔期	每季最多施用次数
杀虫剂	1	化学源	70% 吡虫啉水分散粒剂	河北双吉化工有限公司	小麦蚜虫	2～4 克	喷雾	20 天	1 次
	2	化学源	70% 吡虫啉水分散粒剂	陕西上格之路生物科学有限公司	小麦蚜虫	2～4 克	喷雾	14 天	2 次
	3	化学源	6% 聚醛·甲萘威颗粒剂	深圳诺普信农化股份有限公司	旱地蜗牛	600～750 克	撒施	7 天（白菜）	2 次
杀菌剂	1	化学源	250 克/升丙环唑乳油	北京亚戈农生物药业有限公司	小麦白粉病	7.5～8.75 克	喷雾	28 天	2 次
	2	化学源	25% 咪鲜胺乳油	江苏辉丰农化股份有限公司	小麦白粉病、赤霉病	50～60 克	喷雾	50 天	2 次
	3	植物源	4% 嘧啶核苷类抗菌素水剂	武汉科诺生物科技股份有限公司	小麦锈病	400 倍	喷雾	7～10 天（厂家建议）	3～4 次（厂家建议）
	4	化学源	25 克/升咯菌腈悬浮种衣剂	北京华戎生物激素厂	小麦根腐病	3.75～5 克/100 千克	种子包衣	—	—
	5	植物源	井冈霉素（20%）可溶粉剂	武汉科诺生物科技股份有限公司	小麦纹枯病	43.8～56.3 克	喷雾	14 天	2 次
	6	化学源	70% 甲基硫菌灵可湿性粉剂	河北伊诺生化有限公司	甘薯黑斑病	300～700 倍	浸种薯	14 天	2 次

（续表）

种类	序号	类别	产品名称	生产厂家	防治对象	亩制剂用量	施用方法	安全间隔期	每季最多施用次数
除草剂	1	化学源	50%异丙草·莠悬乳剂	山东亿尔化学有限公司	玉米田一年生杂草	162～216毫升	喷雾	—	1次
	2	化学源	40%异丙草·莠悬乳剂	山东省济南绿邦化工有限公司		春玉米300～400毫升，夏玉米175～250毫升	喷雾	—	1次
杀鼠剂	1	化学源	0.005%溴敌隆毒饵	北京市隆华新业卫生杀虫剂有限公司	田鼠	（2～5）克×（20～30）点	堆施穴施	—	—

附表 E-4 推荐植保机械

序号	名称及型号	型号	生产厂家
1	手扶式风送喷雾机	3WFY-80F	
2	自走式旱田作物喷杆喷雾机	3WX-280H	
3	自走式高秆作物喷杆喷雾机	3WX-280G	北京丰茂植保机械有限公司
4	自走式高秆作物喷杆喷雾机	3WX-1200G	
5	自走式水旱两用喷杆喷雾机	3WX-800HS	
6	农药高效布药器	ZNY-J3001	北京中献智农科技有限公司
7	背负式静电喷雾器	3WJD-18	
8	高地隙水旱两用喷杆喷雾机	3WPG-600	山东卫士植保机械有限公司
9	手推式静电动力喷雾机	3WJD-300	

（续表）

序号	名称及型号	型号	生产厂家
10	背负式蓄电池超低容量喷雾机	616A	
11	悬挂式高远射程喷雾机	GUN-500	深圳市隆瑞科技有限公司
12	自走式喷杆喷雾机	3WP-6Q-A	

附表 E-5 推荐天敌及理化诱控产品

类型	序号	产品名称	分类	生产厂家	防治对象
蔬菜作物	1	丽蚜小蜂	天敌	北京依科曼生物技术股份有限公司	烟粉虱
	2	异色瓢虫	天敌	河南省济源白云实业有限公司	番茄蚜虫
	3	异色瓢虫	天敌	北京阔野田园生物技术有限公司	蚜虫
	4	巴氏钝绥螨	天敌	北京阔野田园生物技术有限公司	叶螨、蓟马
	5	智利小植绥螨	天敌	首伯农（北京）生物技术有限公司	（茄子、草莓）红蜘蛛
	6	甜菜夜蛾性引诱剂	诱控	北京中捷四方生物科技股份有限公司	甜菜夜蛾
	7	小菜蛾性引诱剂	诱控	北京中捷四方生物科技股份有限公司	小菜蛾
	8	斜纹夜蛾性引诱剂	诱控	北京中捷四方生物科技股份有限公司	（十字花科、茄科）斜纹夜蛾
	9	棉铃虫性引诱剂	诱控	北京中捷四方生物科技股份有限公司	棉铃虫
	10	烟青虫性引诱剂	诱控	北京中捷四方生物科技股份有限公司	烟青虫

（续表）

类型	序号	产品名称	分类	生产厂家	防治对象
蔬菜作物	11	甜菜夜蛾性引诱剂	诱控	北京依科曼生物技术股份有限公司	甜菜夜蛾
	12	小菜蛾性引诱剂	诱控	北京依科曼生物技术股份有限公司	小菜蛾
	13	黄板、蓝板	诱控	北京依科曼生物技术股份有限公司	斑潜蝇
	14	黄板、蓝板	诱控	北京中捷四方生物科技股份有限公司	蚜虫、斑潜蝇、蓟马
	15	黄板、蓝板	诱控	北京农生科技有限公司	烟粉虱、蚜虫、斑潜蝇、蓟马
粮经作物	1	松毛虫赤眼蜂	天敌	北京市益环天敌农业技术服务公司	玉米螟
	2	异色瓢虫	天敌	河南省济源白云实业有限公司	小麦蚜虫
	3	桃蛀螟性引诱剂	诱控	北京中捷四方生物科技股份有限公司	桃蛀螟
	4	玉米螟性引诱剂	诱控	北京中捷四方生物科技股份有限公司	玉米螟
	5	棉铃虫性引诱剂	诱控	北京中捷四方生物科技股份有限公司	棉铃虫

参考文献

[1] 中华人民共和国农产品质量安全法. 2006 年施行.

[2] 农药管理条例. 1997 年施行.

[3] 农药管理条例实施办法. 1999 年施行.

[4] 农药标签和说明书管理办法. 2008 年施行.

[5] 植物检疫条例. 1992 年施行.

[6] 植物检疫条例实施细则（农业部分）. 2007 年施行.

[7] 农药广告审查办法. 1998 年施行.

[8] 北京市食品安全条例. 2013 年施行.

[9] 费有春，徐映明. 农药问答（第 3 版）[M]. 北京：化学工业出版社，1997.

[10] 韩召军. 植物保护学通论 [M]. 北京：高等教育出版社，2001.

[11] 徐汉虹. 植物化学保护学（第 4 版）[M]. 北京：中国农业出版社，2007.

[12] 郑建秋. 控制农业面源污染指导手册 [M]. 北京：中国林业出版社，2013.

[13] 赵清，邵振润，等. 农作物病虫害专业化统防统治手册 [M]. 北京：中国农业出版社，2011.

[14] 农业部农药检定所. 科学使用生物农药 [M]. 北京：中国农业出版社，2013.

[15] 农业部农药检定所. 农药经营人员读本 [M]. 北京：中国农业大学出版社，2012.

[16] 农业部农药检定所. 农药标签管理与安全技术指南 [M]. 北京：中国农业大学出版社，2010.

[17] 农业部农药检定所. 农药管理政策实用手册 [M]. 北京：中国农业大学出版社，2009.

[18] 梁帝允，邵振润. 农药科学安全使用 [M]. 北京：中国农业科学技术出版社，2011.

[19] 郭永旺，邵振润，赵清. 植保机械与施药技术培训指南 [M]. 北京：中国农业出版社，2013.

[20] 任宗刚. 北京12316农业服务热线农业技术咨询1000例 [M]. 北京：中国农业大学出版社，2010.

[21] 杨永珍. 假劣农药鉴定技术手册 [M]. 北京：中国农业出版社，2006.

[22] 顾宝根，刘绍仁. 农药登记管理100问 [M]. 北京：中国农业大学出版社，2004.

[23] 郭喜红，董民，尹哲. 蔬菜主要病虫害安全防控原理与实用技术 [M]. 北京：中国农业科学技术出版社，2014.

[24] 郑建秋. 现代蔬菜病虫鉴别与防治手册（全彩版）[M]. 北京：中国农业出版社，2004.

[25] 吕佩珂，李明远，吴钜文. 中国蔬菜病虫原色图谱 [M]. 北京：中国农业出版社，1992.

[26] 全国农业技术推广服务中心. 农作物有害生物测报手册 [M]. 北京：中国农业出版社，2008.

[27] 高麓，付占芳，陈燕华，等. 有机农业果树病虫害防治新技术 [M]. 北京：科学技术文献出版社，2008.

[28] 邱强. 原色葡萄病虫图谱 [M]. 北京：中国科学技术出版社，1993.

[29] 韩振海，张瑞，姚允聪，等. 果树园艺工 [M]. 北京：中国农业大学出版社，2013.

[30] 顾宝根，郑永权，等. 植物生长调节剂科普知识问答 [M]. 北京：中国农业出版社，2015.